好好地老

賽馬會耆智園總監郭志鋭醫生——口述
陳曉蕾——著

賽馬會耆智園
Jockey Club Centre for Positive Ageing

序

香港中文大學醫學院院長
陳家亮教授

每人都會老，每人都想好好地老，然而很多人也很怕老。

郭醫生當初可說是無心插柳地進入了老人科。在英國老人科工作，遇到啟蒙上司，資深老人科教授Dr Mulley，恩師後來成為英國老人科醫學會會長。師承醫界翹楚，郭醫生體會到良醫必從關懷開始。如Dr Mulley為一年老病人抹去眼鏡片的污垢，病人突然恢復精神，郭醫生深受啟發感動。老人科需要更多關懷、以心聆聽、以心觀察。為老人家做點看來微不足道的「小事情」，卻能產生意想不到的良好結果。

大部份人在生命中都要經歷「生、老、病、死」，許多人亦會覺得這四個階段是必然的定律，對於長者出現的各種狀況，我們就常說：「老人家就是這樣的了。」然而，從郭醫生的分享中，當人老了，如果得到好的照顧，醫護人員多一分觀察和思考，在看似必然的問題中尋根究柢，情況可能會截然不同。

在二零零四年，郭醫生出任耆智園總監，揭開了行醫生涯的另一重要篇章。耆智園是一所服務腦退化症的綜合服務中心，雖然腦退化症暫無藥可根治，然而，透過郭醫生的經驗分享，醫護人員、社福同工和家屬照顧者們，原來尚有很多很多的工作可以做，從而令患者得到優質照顧之餘，也能減輕照顧壓力。

郭醫生將行醫多年的經歷、寶貴的心得和經驗，整理及結集在《好好地老》書內。透過陳曉蕾小姐的生動文筆，娓娓道來一些真實、有趣和感人的個案，亦彰顯了郭醫生「以人為本」的行醫理念及宗旨。我相信此書將有助照顧者、從事長者醫療及福利界的同工、年輕的醫生、護士等醫護同事帶來啟發，造福更多的長者和病患，從而讓大家都好好地老。

前言

賽馬會耆智園總監
郭志鋭醫生

每個人都有自己的故事。我很慶幸有機會藉著這部書和大家分享一些我在做老人科醫生的年頭裏面的小故事。我希望藉著這些故事，大家可以多些了解老年病弱的問題和照顧者的角色。

好多人都不大知道老人科醫生有什麼專長。我想我們最大的專長是在複雜的情況下為病人和家人找出一個對病人最好的方案。重點是複雜兩個字。為什麼老人病特別複雜呢？這是因為除了多種長期病患之外，他們要面對體能老化的問題，他們需要的照顧自然比較多，家人在照顧上自然要付出很多。每當這些支援不足時，問題就會變得越來越嚴重。雖然這些無奈的事，我們每天都會遇到，但我們也會遇到一些很積極的病人，一些奉獻一切的照顧者，和一些勇敢接受死亡的病人和家人。這些振奮人心的經歷就是我們醫療團隊的動力。

老人科醫生另外一個專長就是團隊精神。十五年前我有幸加入了耆智園的團隊讓我親身見證了醫社合作的力量。腦退化是不治之症，但在適當的治療和個人化的社區支援下，我見到很多腦退化的人都可以在身心上有明顯的改善，家人也可以鬆一口氣。天下無難事，祇怕有心人。

我們做老人工作的，「做好這份工」是不夠的。不斷追求以人為本的理念是唯一達致優質服務的方法。在香港的醫院和老人院，最令我不可接受的是約束老人的惡習。我想我是對個人自主有份執著。自主雖說是基本人權，但實際上自主是我們身邊的人給我們的，也是個人爭取得來的。老弱尤其是有認知障礙的人的自主能力自然有限。但我們身為照顧者應該盡量尊重他們的自主。這樣我們才會尊重我們的工作，感到工作的意義。我想，尊重老弱自主就是這本書的理念。

最後感謝陳曉蕾小姐很耐心聆聽我的故事，以她活潑的手筆為我的小故事增添很多色彩和力量。沒有她的努力和熱誠，這部書是寫不成的。

目錄

第一章 垃圾變鑽石

污糟的眼鏡 14
老弱「包搞掂」 17
七分鐘一個病人 21
臨走前一句 24
古怪的腹瀉 27
用最少「武力」 30
唔去老人院！ 34
垃圾變鑽石 37

第二章 當認知出現退化

入住精神病院？ 44
更大的圖像 47
不是世界末日 50
甜甜婆婆 53
急跌有原因 56
尋找家庭資源 58

第三章 認知有障礙

腦部的天線 64
一直走錯方向？ 66
可以預防嗎？ 70
走失 73

第四章 友善醫院

醫院不擅護理 78
最好留在家裡 81
關鍵四星期 84
長者友善設計 87

第五章 醫院一定要綁病人？

這裡是監獄嗎？ 92
綁了一定安全？ 95
上上下下齊心 98
改變病房文化 102
寧可做飽鬼？ 104
為了貪方便 107

第六章 面對老化

保健的代價 112
提高免疫力 115
病從口入 117
高蛋白質少卡路里 120
一百年後的世界 122

第七章 病人自主

選擇不醫治 128
選擇的條件 131
面對死亡 134
死後翻生？ 136
無效的醫治 139
家人不放手 142
説服不容易 145
和家人談 148
病人有自主？ 152
最醒目的病人 155

第一章——垃圾變鑽石

污糟的眼鏡

我在英國讀醫，當時只知道自己不喜歡外科，但沒想到要繼續在內科哪一個專科發展。畢業後里茲（Leeds）一間醫院請我去老人科當醫生，我就去了。

那老人科病房的設計很傳統：護士工作的地方在中間，三、四十張病床排隊似的放在兩邊。我的上司是老人科教授Professor Mulley，後來出任英國老人科醫學會會長，非常資深。老人病房的病人大部份都是長期病患，環境相對安靜，每天我就是看著這三、四十個病人。

有一天病房出現一位病人：八十多歲的老先生認真地穿著西裝，可是看來很久沒有洗澡，西裝顯得老舊，手錶已經不動了。Professor Mulley 走進病房，一眼看到這老先生就走過去，把老先生的眼鏡拿下來，很自然地為他抹眼鏡，那眼鏡好髒，一層厚厚的污垢，Professor Mulley 抹乾淨後替老先生戴回去。老先生突然恢復精神，開始說話！

我很驚訝，就是這麼一件「小事情」，病人就不一樣了。這甚至不一定關於醫療。

老先生是一個人住嗎？他知道手錶不能動，眼鏡太髒看不清楚嗎？可能已經慢慢習慣了，對自己的期望越來越低，對各種各樣不舒服感到麻木，也不懂得投訴。可是只要有一個人，不一定是醫生，關心就會看到需要，再用行動帶來改變。

有時醫生反而不容易在病房裡做到：醫生來到床邊，馬上就要斷症、治病、開藥、打針……針對疾病做很多的事情，卻不一定看到病床上這一個人。

當時在醫院，我要為每一個病人寫個案紀錄，出院時讓他們有「出院概要」（discharge summary），讓家庭醫生等可以繼續跟進。英國病房沒有香港那麼忙，有時間為每一位病人仔細寫幾頁紙，我可以嘗試了解這病人的病歷：這些病有原因嗎？曾經怎樣醫治？之後誰來照顧？老人科的病人特別愛説話，我聽了好多好多故事。而 Professor Mulley 會仔細更正、寫評語，再跟我討論，這些並不是他的工作範圍，但他用心指導後輩。

那是一九八五年，我在這老人科病房工作了一年，然後再去其他醫院、其他專科工作，但最終我還是決定加入老人科。也許心臟科、腎科等可以有很多高科技的醫療儀器，但處理老人科的病人更用心思。

關懷，有時比醫術更重要。

老弱「包搞掂」

老人科是什麼呢？
普通市民、病人，甚至一些醫生也不明白，很多偏見和誤解。
美國、日本等較少老人科專科醫生，但在英國、澳洲等，老人科就相對重要。

這要由英國說起：二、三百年前還是醫生上門看病人的年代，只有流落街頭的老人、病人、精神病人等，才會被收入慈善機構經營的所謂療養院，提供三餐一宿，那裡也沒有醫生，頂多有護士照顧。二次世界大戰後，英國建立國民保健制度，政府接管這些療養院，並派一、兩個醫生去照顧住院病人。

其中一位醫生是 Marjory Warren。她本來是外科醫生，在醫院看到很多老弱病人，等死似的，但她發現一些病人稍為治療，提供一些復康運動，就有機會好起來，她用心醫治這些病人，後來極力倡議及確立專注老人的醫學專科，對「老人科」很大貢獻。

醫學不斷發展，醫院分工越來越專業：骨折由骨科負責、失禁可看泌尿科和婦科醫生、行動不便有復康醫學跟進……發展出不同專科後，為什麼還要有老人科？老人科的專業範疇是什麼？老人科的病人是誰？年紀大就要看老人科嗎？

曾經有些地區醫院以年齡劃分，病人超過八十、九十歲就屬於老人科，可是人人都會變老，原本的專科醫生就不能繼續跟進？也有以機構區分，例如老人院裡的院友歸老人科，或者老人科僅僅設在康復醫院，急症醫院是沒有的。

我個人覺得比較好的定義，是體弱（Frail）：行路很慢，肌肉沒有力，覺得非常疲憊，體重下降，也不願動……老人科就是照顧這樣的病人。這樣的病人病情可以很「複雜」，同時有多種疾病，如果沒有老人科，就要看不同的專科醫生，不但治療時間更長，效果也不一定理想，因為較少兼顧到不同系統之間的關係。

英國有種説法：Jack of all trades，即是廣東話的「包搞掂」，什麼都能做，卻可能樣樣都不夠專業，有時老人科醫生就會被笑是「包搞掂」。可是英國也有另一個故事：Goldilocks的三頭熊：一個女孩闖進熊的家，她喝熊爸爸的湯太燙、坐熊爸爸的椅子太硬，可是熊媽媽的湯又太冷，椅子太軟，最後是小熊的湯和椅子最合適——老人科就是要有技巧，為病人找出最合適的方案。在使用醫療保險的地區，例如美國，病人可以從保險費取回看病的費用，也許不介意去看那麼多專科醫生，可是像英國這些由政府提供國民健康保障，就會有老人科醫生處理這些複雜的病徵，致力提高醫療效益。

再者，老弱病人往往是弱勢的社群，處境越差，越多病痛，老人院裡的院友、窮人、傷殘人士等，全部都有相對較高的健康風險。就算今時今日，年老的病人依然會被忽略，連一些醫生亦會以為人老了，就會跌倒、失禁……種種退化，都是「無藥可醫」的。坦白説，同樣兩位病人，同樣的疾病，其中一位年紀較大，醫生會更關注年青的病人，所以年紀大的病人更加需要有專人照顧，不然很容易被忽略。

Marjory Warren在一九四六年說的，如今依然適用於英國，甚至香港：「我很驚訝醫護專業竟然可以這樣長久地忽略長期病患和長者，這樣大的國家，為這社區的一部份，付出如此微小。」

七分鐘一個病人

我在英國已當上老人科高級醫生，一九九四年因為私人理由回來香港，加入中文大學醫學院，並在威爾斯醫院老人科病房工作。

在英國，老人科和內科是分開的，兩個部門各有資源，香港的老人科通常都和內科合併。七十年代香港政府考慮設立獨立的老人科，把瑪嘉烈醫院一些資深醫生派去蘇格蘭受訓，並且在一些醫院試行老人科和內科分開兩個病房，可是當病人需要較高科技的設備，例如需要照胃鏡，就要轉介到內科輪候，要等很長時間。如果老人科屬於內科，就可以較快地使用內科的設備。威爾斯醫院後來就決定在內科病房，額外請一位老人科醫生、一位老人科護士，變相增加老人科病房的功能。我回來香港，就是擔任這內科病房內的老人科醫生，同時在醫學院擔任教學工作。

香港老人科病人的處境比起英國，有些比較好，有些比較不好。

香港病人的家人支援比較多，居住環境也方便，萬一跌倒，通常幾個小時內就會有人知道，可是在英國可以幾天後才發現。例如在英國有一位女士獨居，冬天浸浴時滑倒，無法起身，怎樣被發現呢？原來英國人訂牛奶會放在門口，通常隔兩天一次過送三支，送牛奶的發現三支牛奶都沒拿，於是報警，警察破門入屋才把女士送去醫院。這位女士還活著，因為屋裡還有中央暖氣。一些經濟較差的只有一個暖爐，要不斷入五十便士硬幣才能發熱，有些老人全日就是把自己包著圍毯，對住暖爐不斷入錢。

然而香港公立醫院的醫生的確比較忙。像我現在帶著三位年輕醫生，每一位都各有十多位病人，一星期會有五、六次半日的門診。門診通常在三小時內要看二十多位病人，平均每位病人只有七分鐘，時間是不夠的。可是一些專科更多病人，精神科醫生三小時要看四十位病人，連五分鐘也沒有！

看完門診，還要顧病房的病人，那就真的忙不過來。很難像當年我在英國受訓時，可以為每位病人都寫幾頁紙，教授也沒時間可以像我以前的上司一樣，仔細與每一位年青醫生討論。香港醫護人員心裡就容易不穩，眼見好多問題，自覺事事都做得不好。我覺得可以再做更多，但在公立醫院，不容易。

香港目前大約有二百位老人科醫生。對新一代醫科生來說，老人科並不是優先的選擇，因為老人科專科醫生主要在醫院管理局內工作，打算長期待在醫管局的，才會選擇這些在醫院有職位的專科，若私人執業，老人科並不算是很賺錢的專科。我相信目前比較有使命感的醫生，才會選老人科。

臨走前一句

門診平均每位病人只得七分鐘，醫生要把握時間找到問題，對症下藥。病人臨走前最後一句話，往往是很重要的。

進門第一句話，當然是他來看醫生的原因，可是臨走前時突然冒出的一句，可能病人心裡很想問，例如要求一支藥膏，這不能只當作貪小便宜，也許是一直困擾病人的事。長者來醫院往往為了得到藥物傍身，但醫生不止是開藥，還要防止健康繼續轉差，病人要求的藥，可能與原本的病情有關，但也可能透露更大的問題。

有一位病人和女兒來覆診看腦退化症，臨走女兒忽然問：「她睡得不好，可以開安眠藥嗎？」我有點猶豫，腦退化症病人服用安眠藥，是有風險的，如果半夜起身去洗手間，矇矇鬆鬆時腳軟，反而容易跌倒。但想到這病人有女兒同住，我於是開了藥。

病人覆診已是四個月後，我問那安眠藥有效嗎？「沒事了，她睡得很好。」女兒答。我覺得奇怪，安眠藥不一定這樣有效，就問剛吃藥後的反應，女兒才說那次看病後，隔了幾天很不舒服，臉色都變了，馬上送到急症室，才發現是胃潰瘍，做完手術之後就沒事，睡得很好。

我看病時完全沒想到睡得不好，是因為胃痛，就算給我更多時間，也未必問到。病人本身難以溝通，半夜發生什麼事，女兒同住也不同床，不會知道詳細的病徵，只知道媽媽半夜起來，弄得大家都沒法睡。

有時糖尿病人因為吃藥，血糖低，半夜覺得餓，也會走來走去找食物，所以要不斷想到底是什麼原因。這就是老人科的複雜。心臟科看心臟，但老人科要看整個人，老人科醫生要不斷地問，為什麼睡不好？為什麼吃不下？為什麼不能走路？不可以當作是老化，不論多人年紀，身體變差一定有理由，就算問不出答案，都要想辦法找出來。

可是如何繼續跟進，調整治療方案，在現實的醫療環境，並不容易。

香港不同台灣等地，去醫院看門診可以選醫生。雖然護士也會嘗試安排看同一位醫生，實際人手很多變動，每次門診病人若遇上不同的醫生，也就難以跟進治療是否有效。

古怪的腹瀉

大約一成的長者進醫院，是因為藥物問題：吃錯藥、弄錯份量、藥物管理出事。

長者病人的需要，向來都被忽略。藥物研發會找病情最容易定義的病人，例如只有心臟病的病人試用新藥，確保這藥物醫療心臟病有效。可是體弱長者往往同時有不同的疾病：心臟病、糖尿病、血壓高、痛風等等，這些藥物的效果會如何受影響？會否有更多副作用？實際使用有很多難以估計的因素。

還有，長者身體新陳代謝慢了，肝和腎功能都較差，藥要消化，要排走，身體機能差就排走得慢，所以副作用也會較大。再加上長者如果獨居，或者家人沒空照顧，而自理能力又轉差，難以管理藥物，那就更大問題了。

老人科醫生就要額外留意病人在吃什麼藥。我曾經在一間院舍，有位婆婆說身體痕癢，想要一支藥膏。

「癢了多久？」我隨口問。「兩年，由早到晚都癢。」她答。

兩年？我查遍她所有的藥物，終於查到她在服用的一種降血壓藥，副作用包括痕癢。這種藥頗常用，但不是每一位病人都會痕癢，婆婆正是少數會出現這副作用。一停藥，她就不癢了。

又有一次在醫院，一位伯伯腹瀉入院，我翻查紀錄，發現他前幾天才因為腹瀉入院，剛出院回到老人院，很快又送回來。老人院的膳食一般不會引起腹瀉，很古怪，於是我仔細閱讀所有的病歷，發現他曾經因為痛風到醫院門診。痛風一般只需吃幾天藥，可是醫生指示服藥直到下次覆診，於是伯伯吃了四個月痛風藥，也就不斷入醫院，每次都被當腸胃炎醫治。

有時也怪不得醫生的，理論上長者服用的藥物應該由少量開始，並且增加覆診次數，起碼要在兩周後覆診，觀察藥物實際效果，然而現在公立醫院排期要幾個月，並且下次覆診又轉了醫生，那就很難跟進。

長者和家人也一樣困擾，覆診時間相隔太耐，家裡存了好多袋藥物；期間若然入醫院，那出院後還要繼續吃原本的藥嗎？比較理想的做法是在病人入院時，病人或照顧者把病人一直服用的藥也一併帶給醫生看，由醫生決定，以及講解在入院期間和出院後，應該服什麼藥、服用多少。

由於約有兩成年紀較大內科病人，會在出院後一個月內再次入院，一些醫院成立了離院跟進服務，由護士和團隊致電一些較高風險的病人，跟進他們出院後的服藥及身體狀況，希望保持健康減少再次入院。

用最少「武力」

糖尿病、血壓高會導致很多健康問題，控制住血壓和血糖，可以防止很多病，但這要從中年時開始，年紀大身體已經差了，那時才來壓低血壓血糖的數字，一來可能已經太遲，二來藥物本身的副作用，反而有機會令問題更嚴重，更危險。

可惜這不是醫生的常識：有些醫生做事比較公式化，看數字，而不是看人。老人科就要再三衡量這些藥，對病人整體來說，是否好處多過壞處？要取得平衡。

有一位八、九十歲的婆婆有糖尿病、血壓高，接著中風，吃得不好，整個人很瘦弱。雖然有工人照顧，還是跌倒，脊骨其中一段因為骨質疏鬆而裂開，非常痛。她來醫院門診看醫生，因為沒胃口，變得更瘦，彷彿快要不行了。我於是把她所有糖尿病、血壓高的藥都停掉；兩個星期後覆診，她的血糖數字高得驚人，但因為情況是一直改善的，所以我決定繼續小心觀察。再兩個星期後，她變得很精神，開心地說：「救命恩人啊。」停了藥，她有胃口食東西，女兒又肯讓她吃喜歡的榴槤，之前怕血糖高是不許吃的。

血糖數字高不是好事，但對這婆婆，起碼有胃口肯進食，恢復精神後才可以走路，幾個星期以來情況一直改善。短期的血糖偏高也不是大問題，長期才需要關注，等到婆婆情況穩定，我又再漸漸增加糖尿病的藥，一步步控制血糖。

治療長者，要用「最少的武力」——如果你當藥是一種武力。要小心用藥，重要是讓病人有正常的生活，繼續吃平時的食物。不要限水、低鹽，這些短期來說，對病情不一定有用，但就令病人失掉胃口，不再吃東西，人已經生病，再要吃不喜歡的食物，不想吃身體就更弱。因為生病已經變瘦，住醫院更瘦掉十磅、八磅，這對身體影響更大。

一些長者很討厭抽血，覺得抽走很多精力，可是失去體重比血液後果更嚴重，血液可以透過新陳代謝恢復，但體重不那麼容易回來，本來只得八十磅，現在更跌到七十磅，那十磅不像年青時容易胖回來，這是非常嚴重的事。

同樣，一些檢驗也要平衡利弊。我有一個病人看了很多年，九十歲了，他最近看其他醫生說有痔瘡，以防萬一要排期照腸鏡。他來看我時，我就建議不用，只是一次屙血，也見到是痔瘡了。

對這樣高齡的長者來說，照腸鏡太辛苦了：清大便並不容易，起碼要住一兩天醫院，要喝兩大湯碗瀉藥，那些瀉藥沒有味道，漿糊似的，有些老人連吞東西都有問題，怎能勉強喝？然後又要拉肚子，一直待在廁所，還要插喉。私家醫院有麻醉，過程彷彿睡一覺醒來，發現有瘜肉也可以順便割掉，可是在公立醫院未必會麻醉，那過程是辛苦的。而且就算知道有腸癌，是否還要做手術？身體已經衰弱，發現了也未必會這樣醫治，那為什麼還要照腸鏡？

如果五十出頭，或者年紀大但健康不錯，照腸鏡可以檢測腸癌，但身體不好，就要平衡利弊。年青的醫生不一定懂得，擔心伯伯有腸癌，有時亦是擔心家人之後怪責，避免之後被投訴，就對病人或家人建議照腸鏡，由病人簽紙承擔照腸鏡的風險。

這位病人因為我看了很多年，熟悉他的身體情況，才有信心建議，他女兒也不是馬上同意，覺得照腸鏡可能「穩陣」一點。但我解釋就算發現有癌症，亦不建議做手術或化療，他的身體承受不了，最終女兒接受我的建議。

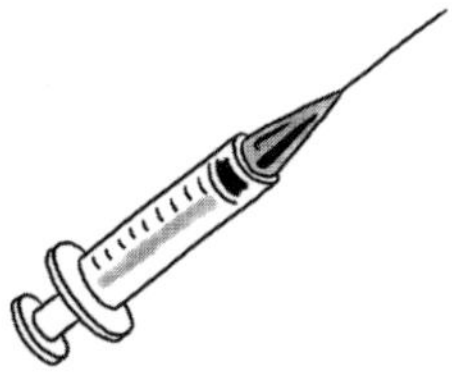

唔去老人院！

有一些長者是獨居的，
如果患上腦退化症，
那我可能什麼藥都不會給，
因為一旦誤服，風險更大。

也有一些長者病人可能可以靠朋友支援，繼續留在社區：一位獨居病人是早期腦退化症，她每天中午都會去一間速食連鎖店坐，有兩三個朋友天天見面，其中一個朋友陪她覆診，我就和那朋友說：「這藥是給腦退化症的，你每天在快餐店見到她，就給吃一粒吧。」我把所有的藥都交給那朋友，不能再計較那藥要幾點鐘吃了，也不能「貪心」開太多處理其他病徵的藥，總之每天中午，她就會吃一粒。

可是當這病人情況再差，可能就要入住院舍。這是很多香港長者的惡夢。

沙田醫院大約三份一病人，出院後都是去老人院。有些是想盡辦法都沒有人照顧，這是可以理解的，不是人人可以辭工照顧。有一些是刻意「棄老」，香港政策某程度上鼓勵基層家庭這樣做：把老人送去院舍，費用可以以綜援支付，家裡少了一個人住，多了空間，也少了一個人需要照顧。

有時情況會膠著：家人不捨得長者去院舍，擔心私營院舍照顧不好；或者家庭收入超出綜援申請要求，要自付院費；而設備較好的津助院舍，輪候時間是以年計的……家人於是不肯讓病人出院。我們整天都要想辦法與家人溝通：「如果個個都不出院，醫院就會崩潰！」

大部份家人最後都選擇送去私營安老院。所以有些長者很怕進醫院，一進醫院接著就會被送入院舍，不能回家。長者病人的處境，就是這樣複雜，不是單靠吃藥打針可以解決。醫生要和社工合作，盡量找資源照顧病人，這在香港，坦白說只能是「盡人事」。

曾經有一位病人，便是在出院時「發晒爛渣」：「唔得呀、唔得呀！」我問他為什麼不想出院，他大叫：「我唔去老人院！」

伯伯中了風，復康進展也不錯，開始可以用枴杖慢慢走路，醫院也安排他出院，可是因為插了尿喉，太太不肯照顧，要他出院後去老人院。我嘗試解釋：「你用尿喉，你老婆照顧不到喎。」「我根本就唔需要尿喉！」他很生氣。

我翻查病歷，伯伯可以自己排尿的，但護士再做超音波，發現膀胱裡仍然有很多尿液，無法排得清，所以要插尿喉。我就對護士說，除非伯伯不舒服要求插回尿喉，否則暫時不要用，每天再用超聲波監察膀胱的情況。最初病人小便沒有排清，但三天之後，功能恢復正常——其實長期插著尿喉，身體是難以自然排尿的。

最後伯伯不需要用尿喉，出院後可以回家。

垃圾變鑽石

香港的老人科醫生除了在病房看病人、在門診看診，還會去老人院看院友。這可算是老人科外展服務「社區老人評估小組」（Community Geriatric Assessment Team CGAT），已經超過二十年歷史了，當時就看到院舍的醫護需要，由老人科醫生和護士主動去院舍，減少長者要入醫院的次數。

我們能接觸到的，多是嚴重傷殘的院友，以我工作的新界東為例，一百間老人院超過一萬人，每位護士定期看三、四間院舍，有事回報請醫生跟進。

有一次去一間院舍，護士用輪椅把一位八十多歲婆婆推進來，婆婆的腳部扭曲不能動。「為什麼你不能走路？」我問婆婆。婆婆說不知道，護士答：「已經兩年了。」

原來這兩年都沒有人問過為什麼婆婆不能走路，似乎都接受老了就會不能走，可是進院舍時「行得走得」，沒有任何原因，怎會突然不能走？我想起這間院舍是吃素的，長期吃素很容易缺乏維他命B12，正正會令雙腿扭曲變硬——是因為這樣嗎？於是我抽血，化驗結果真是嚴重缺乏維他命B12。婆婆打針補充維他命B12後，可以重新走路，簡直奇蹟一樣。我便要求這院舍所有院友，都要注射維他命B12，每三個月一次。

過了幾年，我又有機會去這間老人院，見到婆婆走路「拐吓拐吓」，我再問護士，原來這一兩年都沒有打過維他命B12針。醫生「忘記了」開這維他命。

再替婆婆打針，又能好好走路。婆婆自己沒能力理解為什麼一時能走，一時不行，更不懂得提出要求，就靠身邊人照顧。我覺得最大問題是偏見：「老人家就是這樣的了。」為什麼院舍對長者沒法走路，不覺得是問題？其他醫生覆診時，為什麼會接受她不能走路呢？

另一次我去一間私營院舍，要教導一位醫生工作，剛好是午飯時間，就對姑娘說：「你隨便選一個院友來吧。教書啊。」

公公來到，雙手被綁住，鼻子插著鼻胃喉，頸部往後揚，面容扭曲。「咁辛苦？什麼事？」我問，姑娘說他有很大的褥瘡，因為長期臥床。但我發現公公身上也長了傳染病的疥瘡，並且非常嚴重，他身體太弱，蔓延到頭部，由頭到全身都是。

公公一身疥瘡一定很癢，但院舍不讓他抓，反而綁起雙手，這樣一直坐，坐到屁股都爛了，又插著鼻胃喉——這真是「吊住條命」：不讓你死，卻又不好好照顧你。家人為什麼還同意插著鼻胃管強迫灌食？

我們幫他清理疥瘡，給嗎啡止痛，兩三個星期後再看見他，臉上的表情平靜好多，看來比較舒服了。我心想那些護理員竟然沒被傳染，但也有機會傳染給其他體弱的院友吧？

這件事大約發生在十年前，可是今天一樣會發生，沒有分別，這間私營院舍並不是最差的。不少長者病人都處於同樣的

「吊命」狀況，很多需要都被忽略。

老人科醫生就是要不斷地問為什麼？為什麼不走路？為什麼睡不好？為什麼吃不下？不可以當沒事。總之，不論多大年紀，發生什麼事，身體變差一定有理由，就算沒法問出答案，都要想出辦法來。

如何能夠「看」到長者潛藏的能力呢？要懂得觀察，尤其是病人本身不懂得投訴，甚至不懂得説出哪裡不舒服。我在英國的啟蒙老師Professor Peter Millard曾經形容：「我們老人科，就是把一些『垃圾』變成『鑽石』。」

人不是垃圾，但會被當作垃圾，可是鑽石其實也是碳化物，本質和垃圾可以沒分別。

第二章 — 當認知出現退化

入住精神病院？

八十年代時腦退化症還被稱為「老人痴呆症」，絕大部份被當作自然老化，有少部份行為問題不被接受的，會被送去醫院的精神病房。

當時大家不太認識這病，患者出現幻覺、幻聽、發脾氣、遊走等行為問題，精神科醫生就會開精神科藥物。直到晚期失去行動能力，被送入老人院，這時才交由老人科醫生跟進。到了晚期沒有什麼藥可以吃，亦難以接受復康治療，比方患者跌斷腳，然而認知變差，也不懂得配合做物理治療。

千禧年開始有治療老人痴呆症的藥物，然而藥物效果並不十分顯著，醫管局要求患者自費，一些患者嫌貴、一些本來就抗拒吃藥，再加上大部份家人以為年紀大就會痴呆，當作一般老化沒有積極治療，很少肯買藥。藥物短期難以展現明顯好轉，可能長期才看到差別，加上餵藥並不容易，往往吃了幾個月後，就會放棄——這樣醫生可以做什麼呢？替患者做測試，也僅僅是知道退化的程度，不會幫到患者不退化。

患者在社區，並沒得到多大幫助，如果患者與家人同住，社福機構可能不會安排送飯服務、家居清潔等，一些社工未必認識到這病需要極大心力照顧，例如太太獨力照顧患上老人痴呆症的丈夫是相當吃力的，但社工不會評估太太需要家居服務，幫忙煮飯清潔等的。有時連申請傷殘津貼也有問題，因為仍然有行動能力，可能一個月才得到幾百元，幫不到什麼。

全港當時有二十多間日間護理中心，但主要設計給傷殘人士、中風等患者接受復康治療，並不適合一些仍然「行得走得」的老人痴呆症患者。曾經去過一些日間護理中心，患者就坐在俗稱「大班椅」的圍板餐桌，甚至被綁起來，然後用大塊圍板隔起，由早到晚就是餵食和換尿片，護理員彷彿褓姆照顧嬰孩，關門時間就送回家。

這對患者有什麼好處呢？可能家人和照顧者可以透透氣，但患者來到中心，非常沉悶，被人綁住困住還會發脾氣。有時去了這些日間中心，反而加速退化，原本行得走得，但中心不許走動。

送入津助院舍，也不會受歡迎。以前有些院舍會直接拒收，說沒法處理錯亂、走失等行為問題，這會影響到其他院友和院舍的運作，大部份私營院舍對這些患者的照顧就更差了。

更大的圖像

二零零四年的那一天，是頗為特別的，我突然收到電話，醫學院的院長說：「不如你去耆智園？」於是我就被派去耆智園出任總監。

之前我也曾經治療過老人痴呆症的患者，但來到耆智園，才看見更大的圖像。

在醫院遇到老人痴呆症患者，可能只會見到一、兩次，時間有限，看不到患者的病情發展、和家人的關係等等。見到門診陪診或病房探病的家人，亦不能夠深入了解家人面對的處境。照顧者可能是外傭或者個別家人，但特地來與醫生談的，是另一些家人，並不了解患者平日的情況，醫生問一些細節，家人都無法回答。

可是在耆智園，就可以很長時間觀察，有些患者來了超過十年，家人也非常有心，可以講到患者很多生活細節。每星期我起碼有一個下午在耆智園，實際時間是不止的。

我還未到任之前，耆智園聘請的都是資深的護士、物理治療師等等，每一天都有專科醫生駐診，室內設計用上澳洲專為長者而設的家具——投入大量資源，然而相對是缺乏宣傳，接受服務的人並不多。於是我改變方向，重新檢視員工編制，強調心理社交模式的方法介入，並把資源撥去公眾教育，讓更多市民認識這疾病。兩、三年後，來耆智園的人數開始增加，開始可以自負盈虧。

最大的轉捩點，是前中文大學校長高錕也成為患者，馬上受到各界關注。二零一零年耆智園十周年，我們舉辦改名比賽，Dementia的中文譯名「老人痴呆症」太歧視了，於是連同醫管局、衛生署、大學、十間社福機構等一起舉辦，當時市民和學生都很踴躍，收到接近一千三百份建議，最後包括高錕太太黃美芸在內的評審，選擇了「腦退化症」這新名字。我很記得公佈改名第二天，有醫生同事走來問我：「痴呆症是否改名叫腦退化症？」我說：「是啊」「那就好了。」那同事說：「因為我家人都有。」

其實我們平時見患者，也會用「腦退化症」形容，比較容易接受。不過後來醫生團體又建議使用「認知障礙症」——對我來說，用什麼名字並不是最重要，更重要是市民認識。這幾年耆智園一直從事研究工作，開記者會向公眾介紹腦退化症，增加公眾教育。

耆智園是專為腦退化症患者而設的日間護理中心，是香港賽馬會慈善信託基金主動找中文大學醫學院和醫院管理局，在二零零零年投入服務。醫管局在沙田醫院旁邊撥出一個地方，那原本是醫院的圖書館和員工宿舍。耆智園有七十多個日間中心名額、十七個宿位，但不止提供前線服務，更重要是示範作用，向其他中心展示如何為腦退化症患者提供「一站式」的綜合服務和訓練，希望其他中心參考，並且透過公眾教育、職員及照顧者訓練及研究，提升整體照顧質素，香港還有超過十間專門接收腦退化症患者的日間護理中心，例如認知障礙症協會、聖雅各福群會、仁愛堂、基督教家庭服務中心等，目前都是自負盈虧。

不是世界末日

人與人之間的關係，很視乎如何交流。如果你反應很慢，說話重複，或者「牛頭唔答馬嘴」，別人就會不再找你聊天。

所以腦退化症患者特別有心理和社交需要。病情會對社交生活有連鎖反應，生活圈子突然變得很小，少了社交活動，退化又再差了。

日常生活亦開始出問題，忘記是否吃過東西、吃了不清潔的東西、冰箱裡的食物堆滿了，還變壞了。吃得差，身體又更差，一環扣一環，一直退化。

如果照顧可以好一點，心理有支援，再加上安排一些活動，就可以防止這惡性循環，不要期待馬上大幅改善，但起碼是維持現況，不會繼續惡化。這種照顧方法，是很難在醫院發生的，所以我很明白為何一些醫生並不很願意照顧腦退化症患者，藥物效果不大，又沒法長期密切跟進藥物的反應，醫護人員在醫院單打獨鬥無法處理，看著患者越來越差，可以做什麼呢？

可是在耆智園就不一樣，患者日間可以來參加活動，有需要時晚間留宿，例如有黃昏症候群，起碼可以稍作調整。

黃昏症候群是由於黃昏時，天色轉變，患者完成一天活動體力開始下降，有些患者在黃昏就會情緒波動，或者出現混亂的狀況。少數患者也會去醫院見精神科醫生，例如一些患者有幻聽、幻覺，部份是可以透過溝通和照顧應付到的，但嚴重的就要吃藥，我估計在八、九項行為問題中，精神科藥物大約可以幫到三、四種。再配合社區裡的照顧，也是醫社合作。

耆智園亦有別於其他日間中心，可以專注照顧腦退化症患者。其他日間護理中心除了腦退化症患者，也有中風、癌症晚期等長者，各有不同的照顧，那就不能專注。在這裡有很大的空間、很多元化活動，運動、物理治療，可以由早期一直照顧，直

到完全失去行走能力要卧床，才無法照顧。每天會有七、八十位長者來，有些一周來三日，有些天天來，有些一周一次，這加起來可以服務二百多個家庭。

耆智園適合中期的患者，一周來兩至三次是最好的。但也有一些人不想來。我們有三日適應期，變相也是三日「試用期」，三日後大約五份一不會繼續：大多數是長者自己不肯來，原因包括不覺得自己有問題、不想理會，一些根本就不想見人。還有這裡是自負盈虧的，需要付款，長者或家人更不願意，有些覺得反正都是社區中心，去政府津助的比較划算，不曉得這裡提供專門針對腦退化症提供的訓練，是有分別的。

我希望告訴大家，照顧得好，又有活動，退化是可以減慢的。患上腦退化症，並不是世界末日。

甜甜婆婆

耆智園裡最讓人開心的是「甜甜」婆婆，她來了十多年，差不多這裡一開始就來，每星期三、四次。開始的時候，她已經八十多歲，智能退化是中度，但沒有什麼行為問題，整天都好開心。

我看過最初醫生為她看病時的錄音帶，醫生問她很多問題，她都不懂回答，例如問她今天星期幾？「哎呀，我唔記得咗喇，醫生你話畀我聽啦！」她會這樣說話，很有禮貌。

大部份腦退化症的患者在早期會憤怒，對自己忟憎、失望，因為知道自己有問題，會有情緒，耆智園能夠做的，也就是鼓勵，對待患者像正常人一樣。中心也會選擇一些適合的活動，不讓患者做不到，感到挫敗。

病情再發展，患者無法認知到自己有問題，也就不會對自己失望，可是這時又會有精神錯亂和其他問題，出現不同情緒，例如大發脾氣，控制不到自己的情緒。

很少患者會像「甜甜」婆婆一樣，十多年來行得走得，食得瞓得，家人照顧得好好。二零一六年她九十多歲時去世了，走得很突然，因為一些感染入院，幾天內就轉差然後離世，沒有插喉，沒有急救，家人經過這麼長時間，也接受了她會離開，同意不用心肺復甦等維生醫療。

晚期腦退化症的患者，一般都會臥床，漸漸失去自理能力，要用尿布、甚至插鼻胃喉灌食。但「甜甜」婆婆一直保持活躍，可以走路，然後在幾天內過身，不用經過很大痛苦，這是很完滿的結果：一個人越來越老，漸漸越來越差，可是退化程度非常慢，自己的情緒還能控制，不會影響到其他人，家人也不用太吃力。一直保持這樣的狀態，然後到了臨界點，突然倒下，這是我們希望做到的效果，減少插喉、臥床等失去自理能力的時間。

患病期間不斷會出現變化，腦退化症是複雜的。我觀察如果越早病發，例如四、五十歲病發，病情一定很嚴重，因為這年紀腦部不應該有事，如果有，往往是大問題；可是八十歲以上的，通常是小問題慢慢積聚，到很大年紀才出現，而如果照顧不好，可能會急速惡化。

你可以說「甜甜」婆婆是一個奇蹟，不過也會發生在其他患者身上。耆智園另一位我很熟的陳婆婆，最初是我的病人，確診患上腦退化症後，周一到周四住在耆智園、星期五接受日間訓練後回家，就像學生寄宿一樣。

陳婆婆最初膝蓋痛，醫生說要做手術換人工膝蓋，我反對，覺得這手術太大，就在耆智園做物理治療，同時幫她把體重減輕一點。當時陳婆婆還有焦慮症，這病令她更介意膝蓋痛，後來服了一點減低焦慮的藥，就不覺得痛了，可以好好走路。今年她在耆智園十五年了，她的退化速度比「甜甜」還要慢，九十歲行得走得，還可以在二樓打麻將。

耆智園較差的院友會在三樓，「甜甜」婆婆最後那三、四年也去了三樓，但陳婆婆還在二樓。

急跌有原因

腦退化症一般病情發展較慢，可是有些情況令病情可以急轉直下，最常見是因為疾病，例如感冒、流感，肺炎，或者跌斷骨等。

平時身體不太差，可是到了流感季節受到感染，進到醫院，往往臥床一星期沒法下床，甚至待在隔離病房家人較難探望，期間失去體力，思緒更加混亂，出院時不易回復原本的程度。

普通人跌倒，可以再站起來，以後會小心一點；可是腦退化症患者跌倒後，仍然不為意，可能會像未跌前如常走動。出院回家後，由於患者再次跌倒的機會很大，有些照顧者不讓他們走路，這又再影響復康。

腦退化症病情急跌之後，並不一定馬上離世，因為退化的是智能，若然身體仍可，可以繼續進食，就會一直生存到機能全部退化——我們不是祈求患者快一點過身，而是不要拖長，就算真的拖長了，關鍵是不要那麼辛苦。

我有一位腦退化症患者，本來情況並不很差，行得走得，但因為親友擔心他獨居可能不安全，很快就送他進醫院希望可以復原，之後又被送去老人院。在老人院沒有活動，並且被人綁住，一兩年就要完全臥床，失去所有自理能力，然而本身「時間未到」，就這樣被約束行動，繼續生存好多年。

如果有社區服務，可以減輕家人的壓力，讓他們願意讓患者出院後回家，就算獨居的腦退化症患者也可以繼續留在家中——當然關鍵條件是，留在家中，可以比待在院舍有更多社交活動，才可以減慢退化。

在香港很多家庭請外傭照顧，外傭也需要培訓和支援的，鼓勵外傭與長者溝通，多做運動，出外行走，做一些簡單的家務不要令長者「懶惰」，懶了身體更差。我希望讓患者盡量獨立，能夠去廁所不要用尿片，盡量自己進食，不行才由人手餵，總之獨立的時間越長越好。

尋找家庭資源

腦退化症患病時間很長，需要家人悉心照顧，家人要有很高的心理質素，要有時間，又要有心力，香港大部份家庭是缺乏時間的，實際是家人能做多少，就做多少。

這病的發展也很複雜，要時間學習。例如如何與患者溝通？為什麼患者會有這樣的行為？例如要認識糖尿病，要了解一些病徵，可是腦退化症要講清楚，起碼一、兩小時，一般人未必能完全理解。照顧者首先要能夠控制脾氣，然後可以分析到背後的問題，接著還要心理上可以面對和處理，要有很高的智慧和很高的心理質素。

要關注患者的同時，不能令自己太緊張、太大壓力，要取得平衡，這是很難的。照顧者和患者的關係也是雙向的，患者有行為問題，導致照顧者很大壓力，照顧壓力大，更容易和患者吵起來，兩個人的狀況都越來越差。

家人需要有別人的幫助，很難只靠自己找資料、聽書。耆智園嘗試提供家庭輔導，不止是照顧者，而是盡量找整個家庭的成員來，讓家庭成員可以互相照顧和溝通，合作的成效會好很多，亦減少照顧者的壓力。有一些家人會獨力承擔起照顧的責任，例如阿媽患病，同住的女兒自然就成為照顧者，但其實還有其他兄弟姐妹可以分擔，那同住女兒的壓力就會少很多。有些家庭成員例如孫女，可能平時的意見是被忽視的，但其實可能有些觀察很有用，也可以幫手分擔照顧。

每個患者的身體情況、家庭狀況、家人關係、經濟條件等等都不同。可是每一位長者都有自己的資源，家庭的資源，社區資源，人人不一。家庭輔導就是發展家庭裡的資源，就算是福利社會，也始終有限制，最終還是要家人關心。中大也曾經試過派職業治療師等上門，支援照顧者在家照顧，可是成效卻有限，專家一離開，便沒有再跟進，還不如發動一家人合作，照顧更有力。

在醫院，醫生往往害怕很多家人，人多意見多，有時談好了，回家後又不行，沒法解決問題，care & cure需要雙管齊下，醫生醫治，還得家人護理配合。

現在耆智園收新個案時，社工會畫出「家庭關係圖」Genogram，了解家人的行業背景、家人之間的關係、不同文化的生活習慣等等，了解整個家庭如何協助患者。

第三章 — 認知有障礙

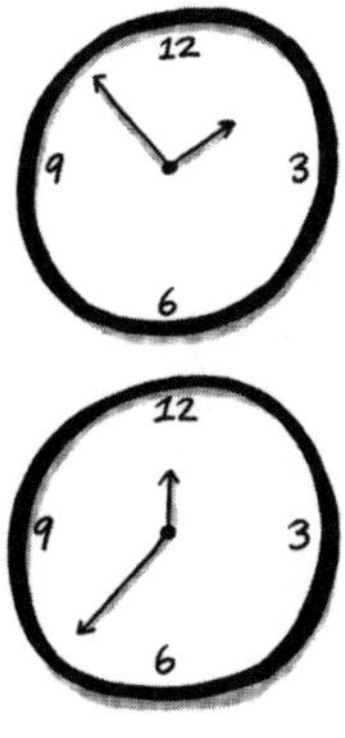

腦部的天線

人類腦部是很奧妙的，
直到今時今日，
人類仍然沒有完全明白大腦的運作。

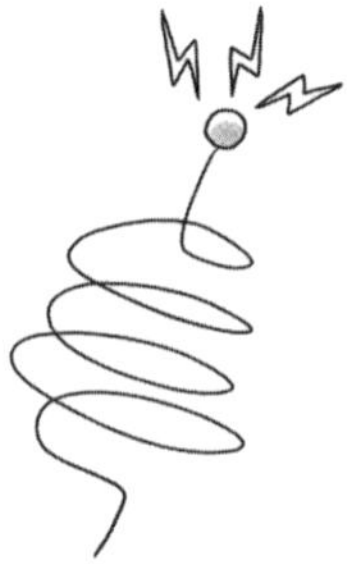

腦細胞隨著年齡越來越少，以前我們以為這些腦細胞會死掉，不會再有新的了，正如我們起初以為所有細胞都會死掉。後來發現有些器官會一直長出新的細胞，例如血液，不斷有新陳代謝。近這二十年，開始發現腦細胞也可能可以重生。

當然這重生不容易，新細胞的成長過程也很「崎嶇」，像嬰孩剛出生，雖然有很多腦細胞，但頭腦很「簡單」，因為腦細胞和腦細胞之間要聯繫在一起，才會有作用。這種連繫就是腦神經線，即是每個細胞都有「天線」去接收資訊、傳遞資訊，越多這些天線，腦部就越發達、比較靈活。英文叫這種連繫 synapse，腦細胞會分泌化學物質，產生不同的訊號。

我們平日生活的感受，都會記錄在腦部，沒有什麼感覺的記憶片段，慢慢就會從我們的記憶消掉。很深刻的感覺，則會長留於記憶中。如果要記下的東西太多，腦部會很辛苦，所以我們的腦袋有點像電腦，儲存太多資料時，工作會拖慢，需要不時清除沒用或者少用的「檔案」，但常用的「檔案」，較容易在腦袋「存取」。

腦部就是靠腦部裡的「天線」運作，不斷學習，建立更多的「天線」，這些「天線」越常用，連繫就越鞏固，運作也很穩定。可是較少使用的「天線」，很久都沒有訊息通過，就會荒廢。而如果訊息傳遞出問題，就會影響腦部、影響全身。

年紀大的人，也可以比年輕人有智慧——因為發展出更多「天線」，也許傳遞的訊息慢了，可是「天線」較多，可以更多方面考慮。

一直走錯方向？

阿茲海默症是腦退化症的主因。腦部到底發生什麼事？

大約在一百年前，阿茲海默醫生（Dr. Alzheimer）有一位中年女病人，退化很嚴重，這醫生在女病人死後解剖，看到腦裡很多斑點，是不正常的類澱粉蛋白（amyloid）在細胞與細胞之間分泌出來。這種類澱粉蛋白本來是為了修補腦部才出現，但大量地出現，積聚起來，結果弄死了健康的腦細胞，而腦部又奇怪地無法除掉這些類澱粉蛋白。

大部份長者過了七十五歲，腦部會出現這類澱粉蛋白，但這是因，還是果？是因為腦部受損，然後產生這些類澱粉蛋白？還是因為這些類澱粉蛋白令腦部受損？目前研究中的治療藥物，主要把類澱粉蛋白拿走，一般透過注射，把一些抗體打進血液，再到腦部裡把類澱粉蛋白黏住，然後讓腦部把這些類澱粉蛋白排走——藥廠多年來都是向這方向發展藥物，問題是排走了類澱粉蛋白，腦部的智能卻沒有好轉。

有一批學者於是認為類澱粉蛋白並不是原因，只是結果；可是另一班學者認為這依然是原因，但可能是遠因，出現類澱粉蛋白才治療是太遲了。

一直以來，研究員會找一些腦部退化的人實驗，拿走腦部裡的類澱粉蛋白，如果出現類澱粉蛋白已經太遲，那就要找一些腦部還未退化的人去試，一旦出現類澱粉蛋白就取走，看會否避免患上腦退化症。

這樣的試驗非常困難，因為腦退化症形成時間很長，一些使用來試藥的動物例如白老鼠，是沒有這病的，要先把類澱粉蛋白直接注入老鼠的腦部。老鼠腦部多了類澱粉蛋白，長大後有點「論盡」，然後再用方法取走類澱粉蛋白。但如果類澱粉蛋白根本不是原因，這些實驗就沒多大作用，老鼠本身腦部沒有這種物質，拿走了有好轉，不等於人類腦部的類澱粉蛋白消失，就會恢復智能。

還有，阿茲海默醫生解剖女病人的腦部，除了在腦部發現類澱粉蛋白，還在腦細胞發現濤蛋白（tau protein）。濤蛋白本來是幫助腦細胞轉達訊息的，但腦退化症的人，腦細胞裡用來傳達訊息的管道周圍，其濤蛋白出現變異，就像雞蛋白本來是流質的，但現在像是煮熟了，變成白色的凝固物質，反而令腦細胞之間的連繫中斷。結果腦細胞仍然生存，但沒有信號來往，「斷了線」。

我們一直以為是類澱粉蛋白影響腦細胞，然後再導致濤蛋白變形，可是這些年，我們都不知道類澱粉蛋白如何令濤蛋白變形。只知道當濤蛋白變形，就是大問題。很多長者腦部會有類澱粉蛋白，但就不一定會有濤蛋白。

藥廠這些年已經用上數以百億計的金錢，生產出二十多種不同的試藥，結果成效都不大，所以在藥廠也非常顧忌這病，投資這樣大，研究方向卻有機會是錯的。近年這方面的研究慢下來，很久沒有新藥。

反觀放在癌症的投資相對有回報，現在一些標靶藥已經可以控制病情，比較之下，投放在腦退化症的研究金額，只有癌症的兩、三個百分比。

可以預防嗎？

腦退化症有多種成因，
雖然未有根治的方法，
但不代表完全不能預防，基於觀察和研究，
我們對腦退化症的因素可以略懂一二。

腦部非常複雜：基因、身體狀況、環境、社交，以往尤其是童年的經驗，都會有影響。從病理學來看，我們相信六成的腦退化症是因為阿茲海默症，另外兩至三成是因為腦裡面的微絲血管閉塞。但是有病變的人，認知缺損可以分別很大，退化的速度亦各異。所以我們不可以單憑病變來判斷認知缺損的程度。

引致腦退化症的最強因素，客觀地觀察當然是年齡，但這是不可以逆轉的。另外一些因素是中年肥胖、糖尿病、血壓高和抽煙，改變這些因素，就是預防腦退化症的最好方法。所以健康飲食、適當的運動、控制好血壓和血糖和不抽煙，可以在某程度上預防腦退化症。

另外比較針對性的預防方法，是多做些用腦的活動。用腦的活動可以不同形式：有些人喜歡建立一些新的嗜好，有些人喜歡入長者大學，有些人喜歡小組認知訓練……其實普通的社交，可能已經是認知訓練的一種。總言之，退休人士應該盡量保持社交，培養興趣，多參與社區的活動。這樣就可以確保腦袋的健康。

幾年前，芬蘭有一個大型研究證明健康飲食、運動和認知訓練，可以增進高危老年人的認知能力。這是一個好消息。這研究證明就算是有長期病患的老人，也可以通過健康生活和認知訓練，在一兩年之間改善自己的認知能力。雖然這不一定可以完全防止腦退化症，但應該可以推遲發病的時間。有腦退化症的大部份都是八十歲以上，如果預防腦退化症的工作可以將發病的時間推遲一、兩年，腦退化症對患者本身、其家人以及社會的負擔就會明顯減少。

世界衛生組織在幾年前，首次舉辦了國際部長級會議，推動所有國家做好預防腦退化症的工作。我有幸被邀請參加這個會議，還與當時的世衛主席陳馮富珍女士拍照。腦退化症已是當今世界最大的挑戰，預防腦退化症真是刻不容緩。

大家不妨參考世衛的網頁：who.int/health-topics/dementia

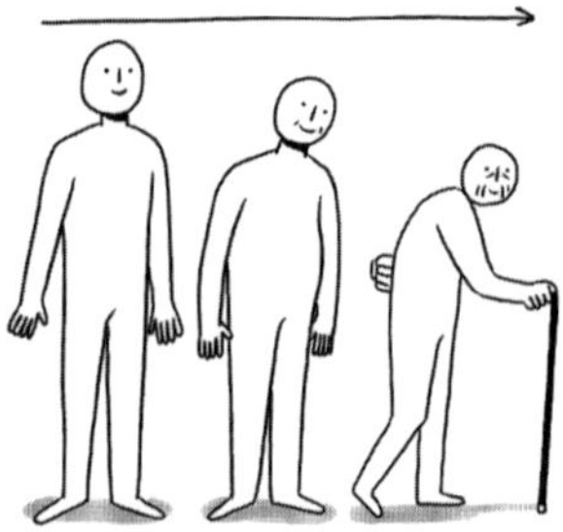

走失

腦退化症其中一個令人擔心的徵狀，是走失。香港幾乎天天都有患者走失，面書不時有尋人貼文。

在香港一些院舍，腦退化症患者一旦曾經走失，院舍就會直接叫家人接回家，因為沒有人手可以長期看守。有些院舍也因而鎖著門，以前院舍的門是打開的，長者可以自由出入，有時出街買東西，有時散步，但多了腦退化症患者後，就變成長期鎖門。

很多電子產品可讓患者戴上，然而定位技術都有限制，大約知道身處什麼地區，但不會知道是哪一條街，香港的街道特別密集，不容易找的。最大問題是患者對於感到陌生、奇怪的東西，不會肯帶，有些連手機也不肯用。如果可以收在衣物鞋子，可能好一點，但這些技術如果需要用電，就不會太輕便。

耆智園多年前也曾經有院友走失。當時還未裝密碼鎖，有一位婆婆在午飯時間不見了。當時每一層都已經有電子鎖，並且要在門口另一處按鈕才可以開門，整座大樓的大門也是要再按鈕才可以出去。下午兩點我接到職員電話，大家都很緊張。我們馬上報警，通知家人。

一直找到十點，才在上水火車站找到，港鐵站長見到一個婆婆走來走去，就送她去警署，警方才通知我們。

我們事後估計是午飯時間一些外傭出出入入，婆婆可能跟著外傭離開。我們旁邊就是沙田醫院，醫院管理員也見到婆婆，婆婆還問管理員怎樣去黃大仙，她的家就在黃大仙。管理員不知就裡，也教她去巴士站。她可能就坐錯車去了火車站，然後去了上水。但奇怪在於她家人已經預先收起她的八達通，就是怕她會出走。婆婆身上完全沒有錢、沒八達通，卻可以上到車，是巴士司機見她年紀大不收錢？那在沙田港鐵站又如何去到上水？好在沒去羅湖口岸！

家人去上水接她，對我們很生氣。這事對我們打擊也很大，同事哭了。那次之後我們就全部換上密碼鎖，所有人出入，都要職員開門，不能再按鈕。

我們這裡腦退化症的院友，大約有三份之一都曾經試過走失。有些患者智能不太差的，還懂得應對，例如懂得坐車、打電話給家人，或者會問路，但有些像這婆婆，已經不記得可以找家人。

其實過程之中，好多人可以介入，例如管理員、司機、警察，這些人如果認識多一點腦退化症，就可以幫忙。例如問問：「你知道現在幾點？在什麼地方？」患者可能就答不出來，那就先讓他停止遊走，聯絡家人，再送去安全的地方。

第四章 — 友善醫院

醫院不擅護理

腦退化症患者進到醫院，對比沒有腦退化症的，需要更長時間才能出院。

我們曾經研究沙田醫院老人科一千位病人，其中超過一半有腦退化症，這些患者平均要留院二十多日，比起沒有腦退化症的，多了一半以上時間。

主要原因是腦退化症患者不懂得説自己的需要，例如想喝水，卻無法告訴護士。就像一個人去酒樓，懂得叫經理來，可以點很多食物，但如果不懂得，就只能坐著，等經理來問，甚至等經理發現你想要什麼。醫院裡的醫護人員都非常忙碌，照顧每一位病人的時間是有限的，一般病人可以按鐘請護士過來，但腦退化症的患者不能。

長者躺在床上不動，肌肉就會流失，四、五天後可能下床已經腳軟，無法走路，而如果是病人，情況更加差。

我曾經有一位八十多歲的病人，因為感冒被送去公立醫院，他原本想入住私家醫院，可是私家醫院指他發燒，不肯接收。他來到公立醫院，被送入隔離病房，家人不能來看，一個星期後退燒，出院時卻沒法走路了。家人以為他中風或者有其他疾病，馬上送去我醫院的私家病房。我檢查後沒發什麼不妥：「什麼都不用做，最重要讓家人天天來探，給他喜歡的食物。」

一個星期後，這病人就能重新走路了。其實如果他最初不入醫院，留在家裡休息吃藥，很可能不會發生之後的事。

腦退化症患者更加不要太輕易入醫院。在公立醫院患者想去廁所，但不懂得按鐘讓護士知道，護士也不可能一天十次八次帶去廁所，等他方便，於是就會要求病人用尿布。患者入院前，原本家人可以定時帶他上廁所，但在醫院改為用尿布，就有機會從此失去控制大小便的能力，也就進一步失去剩餘的自理能力。

神志不清的患者，亦容易在醫院跌倒：環境陌生、廁所的指示牌不清楚、病房有很多東西很擠；那些椅子是塑膠的、桌子有輪子，患者以為可以扶著走，結果反而更易跌倒。目前公立醫院的設計，是很高風險的。

在中國大陸護士不會做護理工作，主要負責打針食藥等，護理是家人的事，可是在香港，家人只能在很短的探病時間來，除了因為怕感染，也有點嫌家人妨礙工作，結果護士要負起大部份護理的工作——這實際是做不到的，最後對病人影響很大。

很多腦退化症患者出院時，情況比入院時更難照顧：無法走路、大小便失禁、甚至插入鼻胃喉餵飼，家人於是就會送去老人院，沙田醫院有三份一病人出院後，是進到院舍。香港長者是全球最高比例入住院舍，每一百人，就有七人不能待在家裡終老。

要減少長者入住老人院，關鍵就是改善醫院。

1/3

最好留在家裡

長者進到醫院，
反而較高機會感染惡菌：醫院的細菌特別「惡」，
因為病人普遍都用很多抗生素，還能夠生存的，
都是抗藥的惡菌；而好些病人是一般診所沒法醫治，
才來到醫院，病情較重。

長者來到醫院，已經有感染風險，對體弱病人，例如要插著尿喉、插鼻胃喉的，惡菌一旦進到體內，更難可以治好。

我曾經有一個病人在手術後插尿喉，之後細菌一直感染到膝蓋，入到骨頭，發燒幾個月，一直打抗生素，好不容易才清除惡菌。

院舍的惡菌也會比家裡和社區多，因為院友經常進醫院，有機會把惡菌傳到院舍。所以老人最好可以待在家裡安老，社區為本是最好的。

英國以前病人精神有事，會被關進精神科，但現在精神科護士會在幾個小時內到家裡上門評估，再配合醫生的藥物。病人在家裡熟悉的環境，相對容易一點平靜下來，否則人已經混亂，再進到醫院這種陌生環境，更加錯亂。

英國大方向是增加社區的資源，削減醫院床位，不再是離開急症醫院後，再轉到復康醫院住一段時間，而是讓病人離開醫院快快回到社區，就算獨居都可以有不同社福機構上門支援。

在香港，我以前也盡快讓病人離開急症的威爾斯醫院，再轉去復康的沙田醫院，但老人科病人在急症醫院情況很快轉差，就算在急症醫院，也需要有老人科病房。而把病人再轉去復康醫院，轉來轉去也不是好事，長期護理亦不是復康醫院可以負擔的，倒不如盡快回家，再提供家居支援。

我們有很好的社康護士，可惜目前支援不足。最理想是病人回到家裡，護士可以繼續上門照顧，醫生透過視像會議，診斷開藥，或者直接培訓護士，讓護士也可以負責一些醫生的工作，包括基本更改部份藥物劑量。

英國醫院病床數目一直減少，反觀香港，卻是大幅增加病床，未來還要多五千張病床——這是死結，有病床，就有病人，長期護理和社區支援嚴重不足，病人都待在醫院，醫療費用越來越難維持，醫院不斷加床的困境，只會繼續。

關鍵四星期

香港有研究指出，八十歲以上進醫院的，有三份一出院都會差了。醫院是「救命」的地方，但護理不是很理想。

再加上長者生病相對年青人康復慢，可能本來看似健康穩定，但身體裡面已經出問題，一遇到肺炎等疾病，就會急速變差，不太容易恢復原本的狀況。

家人要有心理準備，長者離開醫院時，有機會比進醫院時更差，就像女士來醫院生孩子，出院後需要家人或陪月員照顧，長者同樣要準備人手和時間康復。出院後最初四個星期很重要，醫院管理局研究病人離院後四周內再次入院，比例是非常高的。我們在公立醫院老人科也知道，十個病人出院，一月內起碼有兩個會回來。

如果在英國，一個月內再次入院的，可能一百個才有幾個。

有時香港人也過慮想得太多，例如要在家裡裝電床，把家裡變成醫院似的才敢把病人接回家，可是有時只是需要有一個人簡單照顧，可以幫忙上廁所。

我們老人科醫生盡量提倡病人獨立，不要依賴，不必用尿片、甚至不用請工人，老人院當然盡量不去。有些照顧需要是暫時的，如果情況太差，醫院也不會讓病人離開。剛出院回家時，因為臥床太長時間走得不好，要小心不要跌倒，大約四星期後就可以走得好一點。只是香港人可能連這四星期的人手也沒法安排，結果要送老人院。

而腦退化症患者一旦在醫院退化了，需要更長時間復康，例如可能要幾個月才能恢復用口進食。照顧者的壓力很大，幾乎是二十四小時照顧，最理想是可以有上門支援，讓患者可以留在家裡，可是香港社區支援不足，家人就會覺得院舍護理更好。

我曾經有一位腦退化症患者，患病十年後，開始失禁。他太太很討厭要清潔，又不想請外傭，因為她不能接受家裡有外人。

這病人有一次入醫院，太太就要求出院後送去院舍。兒子特地在家附近買房子，想讓爸爸去住，請外傭照顧，可是媽媽也不許。也許對太太來說，丈夫退化了，難以照顧，是較好的理由送院舍——可是丈夫搬出去與外傭同住，那就等於告訴別人，是太太不願照顧，而且她更不放心只有外傭照顧丈夫。於是對這家人來說，院舍是唯一方案，但對丈夫來說，未必是最好的方案。

腦退化症患者在家，也會生病，也會退化，但在醫院更大機會急轉直下，而被送去院舍，情況往往更差，更沒有回頭路可以回家。

長者友善設計

現在的醫院設計，是為了醫生？護士？還是病人？我不時在關於長者友善社區的研討會上，展示香港醫院的投影片：地板會反光、燈光不足、大量長走廊，這些都令病人有機會跌倒。

就算一張檢查用的病床，那高度都是方便醫生，但不方便體弱病人爬上去，我很少要病人躺上去。

公立醫院目前超過一半病人，是六十五歲以上，醫院設計，應該對長者更友善，幫助長者病人更快康復。

灣仔律敦治醫院的老人科 C8 女病房有四十二張病床，很難得地得到醫管局撥款，重新裝修。整個設計是和醫護人員一起談的，第一步就是拆掉護士的工作站 work station。護士的工作站佔地很大，但又不方便看到病人，拆開變成一大一小的工作桌，小的放進病房，護士說有時也想有空間做文書工作，就可以在病人旁邊做。

護士工作地方縮小後，放了一些長背椅子、圓桌子，給病人和家屬坐，可以一起聊天吃飯，病人就有動力下床，增加走動的機會。這是很重要的，因為長期待在床上，肌肉流失，用尿片減弱控制大小便的能力。病人有一個生活空間，可以走過去坐坐，和別人聊天，看報紙，吃飯，這樣每天下床走十次八次，就不會到出院時無法走路。而物理治療師也有地方替病人復康，減少把病人搬去其他部門。

地板改用像家裡的膠木板減少反光、燈光增加了三倍、走廊加上扶手、指示牌設計醒目，廁所門的男女標誌變成半個門大的圖案。廁所並且增加扶把等無障礙設施，除了方便病人，也是示範教家人如何改裝家裡的廁所；廁所的門可以輕易拆掉，讓醫護人員緊急情況下工作。浴室有兩層浴簾增加私隱、臨終病人有更私隱的空間……還有，病床可以下降到離地二十厘米，大大減少病人跌倒的機會，也就減少捆綁。

新設計增加病人的獨立能力，變相也是減少職員的工作量；硬件改善，文化亦變，員工更有動力改善自己。裝修後，有醫生開始開班教同事認識腦退化症的病人需要。

英國有研究指出一個普通病房和老人病房的最大分別，是後者的醫護人員，較多與長者病人溝通。病房設施可以不同，但更大不同是人們的態度。例如一位有聽覺缺損的長者病人，醫護人員可以使用助聽器或者擴音器與他溝通，然而忽略這聽覺缺損，醫護人員只驗血壓、抽血等日常照顧，則完全不會交談。

很多醫院都有翻新工程，一般都會購置很多新的醫療器材，病人身邊好多儀器圍著監察，但護士根本不常理會，嗶嗶聲只是製造噪音。硬件也沒想到改善，遑論改善工作人員的態度。

我們不是沒有資源，而是沒有想法。

第五章 — 醫院一定要綁病人？

這裡是監獄嗎？

有一位病人曾經中風，又患有腦退化症，因為跌倒被送進醫院。其實他可以走路，但走得不穩，就被護士把手綁在病床上，怕他跌倒。

有一天我去巡房，病人問我：「醫生，這裡是不是監獄？」他不是投訴，而是真的以為自己在監獄。可能他有腦退化症，以為自己去錯地方，入錯了監獄。

我馬上跟護士長談：「病人似乎有點不滿。」其實我一直不想病人被捆綁，難得有病人說出來——病人投訴，就要處理。很少人會投訴醫院綁人，一句「容易跌倒」，病人和家人就會接受約束，有時甚至是家人主動要求，以免病人下床。

護士長當時說好。我們本身關係也不錯，她願意處理：把病人搬近護士工作的地方，把床調低，降低床欄，不再綁在床上，而是由護士看著。自此病人開始好轉，一、兩個禮拜後可以自己走著出院。之前差不多是等著去老人院，不能走路，整天肺炎。

醫院對一些有機會跌倒，或者行為問題上高風險的病人會進行約束行動，用布綁、戴手套、約束背心，甚至用藥物，但不少研究指出，約束對於病人來說是害多於利。在評估過病人的情況後，我盡可能都會要求我的病人不要被約束。

在另一間老人院，我遇見一位七十多歲的病人坐在床上，上了床欄，那刻我真有點覺得自己在監獄「探監」。他兩年前中風，我問：「能夠走路嗎？」「得嘅。」他說。

我請護士讓他試試，他下床，走了一個圈，然後就上床，護士馬上拉上床欄。我忘記了這病人後來如何，就算我是醫生，也不能單方面命令護士從此放下床欄，或者要求每天讓病人下床一會。我只記得這老人，一邊走路，一邊開心地哭了。

在醫院被綁的病人當中，大部份都是腦退化症患者。病人神志清醒可以拒絕，甚至控告醫院，可是腦退化症患者不能為自己講説話。美國在三、四十年前也會綁病人，後來政府立法保障病人的人權，院舍就絕少捆綁。醫生就算簽紙同意約束病人，也只是有效二十四小時，之後要再檢討。

立法很重要，但在香港，這是很困難的，院舍有醫生簽紙，可以六個月綁住院友，我眼見也不少院友被綁是以年計算的。無論醫院和院舍，能否減少約束病人，有否可能多一些人手——這就看香港是否認真看待病人的人權。

綁了一定安全？

綁了病人是否一定安全？不見得。醫院曾經有一位病人心臟衰竭，需要長期吸氧氣，但他很抗拒，會主動拔掉氧氣管，於是雙手都被綁在床欄。

親友來看他，把他雙手鬆開，可是離開時沒有告訴護士。病人在親友走後，乘機除下氧氣管，下床走到床頭櫃，這時他開始氣促，想回頭走上床，卻因為床欄擋住跌倒，頭部撞到，結果死了。

這過程是同房的病人說的。醫護人員在出事後檢討，結論是親友不應該鬆綁沒有告訴護士，離開時也沒有綁回去，而且這張床是離護士工作最遠的地方——其實這正正是問題，護士可能以為綁住就沒事，反而疏忽了。這種高危的病人，病床應該較近護士的工作桌，如果把床調低，不用床欄，那就算病人暈倒，也不會跌倒。

那親友並沒有投訴我們，可能因為是她鬆開父親的綁帶，但我們也沒有主動和她談。要討論下去，可能還要問為什麼病人拒絕吸氧氣，也會被迫接受治療。

醫生負責評估病人是否有精神行為能力、是否有跌倒的風險等等，如果病人本身有精神行為能力，就要拿到病人本人同意才可以捆綁。醫生有責任評估病人有沒有能力作決定，要平衡病人自主和捆綁之間的矛盾。

可是當護士叫醫生簽名批准約束，醫生很難拒絕，因為實際在病房護理的不是醫生。病房的文化，需要醫生和護士一起建立。

我和同事也曾經在沙田醫院申請研究基金，找工程部做一條條感應膠帶，貼在床和椅子上，病人一離開床或椅子就會發出聲音，整個病房都用了很多。結果卻是失敗的，護士還是照綁病人，那些膠帶被當作是額外的安全措施，防止跌倒。

後來是護士間成立了小組，一直開會研究如何減少捆綁，這「零捆綁」計劃醞釀了大約十年。

我是其中一個發起人發起「零捆綁」，最初就是因為那病人問我：「醫生，這裡是不是監獄？」

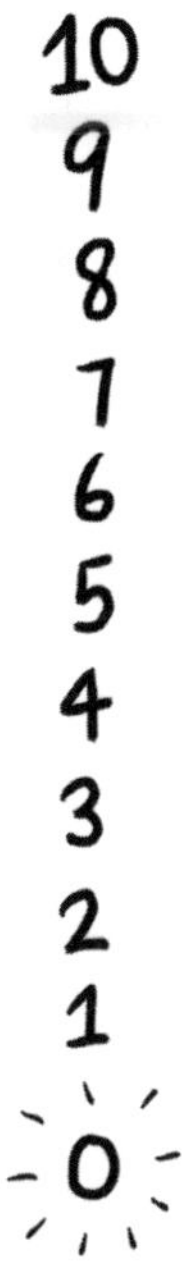

上上下下齊心

現在的沙田醫院會用很多方法，
代替約束病人：
例如男病人喜歡跑馬，
就給他報紙和收音機，讓他靜靜在床上聽跑馬；
給女病人洋娃娃，就會靜靜抱著。

護士定期都會開會，檢討病房的運作情況。我始終覺得這是心思問題，不止是人手或時間，你要約束病人行動，也得寫報告和看管，不見得省時間。

重要是行政上上下下都一齊做，再加上醫生，缺一都不可。這是整間醫院的管理文化，上下都要支持，就算病人之後跌倒、很多事會發生，但上層要支持前線，亦要讓家人知道醫護人員已經盡力了。

有些家人很緊張，我有一位病人只是初期腦退化症，在家照顧時跌斷髖骨，女兒很怕他再跌倒，就要求醫院和院舍一定要綁住。那病人退休前是教授，很不開心，變成抑鬱。安全和自由，有時家人更執著安全。

不過大部份家人都會顧及病人的感受，也是合理可以談的，不一定出事馬上就追究責任。醫護人員與照顧者之間坦誠相對，家人相信你真的盡了力，大家就要能夠接受後果。醫院是高危的地方，年長的病人也是高危的，很多事會發生，關鍵是醫護人員和病人家人彼此都要溝通。

沙田醫院是復康醫院，我承認「零捆綁」在急症醫院比較困難。因為急症醫院的病人可以很混亂，環境也擠，容易跌倒，連廁所數目也少；但我在急症的威爾斯醫院，也去過一個病房是不綁的，就是鍾尚志教授的外科病房：護士説鍾教授不准，大家就沒綁，而是加裝電眼等設備。

復康醫院的設計相對顧及病人的復康需要，空間較大，有較多洗手間，可是仍然不是很多復康醫院會考慮「零捆綁」。已經有沙田醫院的成功例子，灣仔律敦治醫院也做得很好，為什麼仍然難以在香港醫院推動？這是沒道理的。

除了醫院，院舍院友被捆綁的情況也是驚人的。我們取得幾十間老人院的數據，凡是進院舍都會有所謂mini data set，每位院友都要被評估，護士會收集數據，入院時界定護理需要，根據幾十間老人院的數據：香港老人院被綁的比例，是全球第二。第一是西班牙，而日本和瑞典最低。

日本可以不用綁，也因為習慣睡在地上，減少從床上跌下來的機會。沙田醫院也試過用很矮的床，不怕跌倒。

那幾十間院舍，有些綁得比較多，有些綁得少一點，但這與人手或者院友的健康狀況，並沒有直接關係，而是整間院舍的文化決定，護士加入那院舍，就會受到影響，就算你剛畢業很有理想，但所有同事都綁院友，那不能不綁。

對於腦退化症患者，一定找到理由去綁的，人手可以是一個問題，但不是所有的問題。

改變病房文化

澳洲的醫療和安老服務是私營機構經營，
政府購買服務，其中一間機構
Hammond Care有醫院、老人院、社區服務等，
那負責人對我說，照顧腦退化症的患者，
其中關鍵是對風險的態度(our attitude to risk)——
換言之，如果機構絕對不冒險，
就一定不會能夠提供有質素的服務。

負責人另一句話是：「You are what you tolerate。」如果你忍受到那些對待病人的種種方法，那就代表你是同意的。那些綁在床上、約束衣、人工餵飼等等，如果你視而不見，即是同意。

這不單止是護士、醫生，而是整個醫護系統，要改變系統，才有機會改變；連同病人、病人的家人，整個病房的文化一起改變。由一間病房的文化開始，一層一層影響整間醫院的文化。

耆智園從英國蘇格蘭斯特靈大學引入Best Practice course，課程內容環繞如何照顧腦退化症病人，沙田醫院同事很踴躍參加。我們希望把這些經驗推開去，可以影響護士、醫護人員照顧腦退化症的態度。八個護士一起在上班時間，用兩個星期開小組，有課程和時間表，教導腦退化症不同的護理，還有個案討論、功課，這八個護士是醫院選的，半年後畢業有分享會。然後再有八位護士，一直這樣受訓，希望可以改變病房的文化。

我們希望影響其他醫院，嘗試提供兩日的Best Practice course，專門教導醫院的醫護人員如何協助在本身的病房推行，然而效果不大。一些醫院派人來沙田醫院上課，但回到自己的醫院，卻說沒法開班：「搵唔到人呀。」八個護士都找不到，最後三、四個開小組就算。似乎上司叫到就做，但實際是沒有反應的。

醫院是忙的，大家工作壓力一定大，坦白說，永遠不會有好的時間推行，就看你做或不做。當你不想做，一定會找到好多理由出來，把自己的做法合理化。

寧可做飽鬼？

腦退化症患者在醫院、院舍，被約束的原因，往往與插入鼻胃喉餵飼有關，患者本身覺得有管子不舒服，拔掉，或者嘗試拔開，雙手就會被綁起。

一些患者到了晚期，會出現吞嚥困難。有些家人覺得：「餓是很辛苦的，就算死，點都要做『飽鬼』。」平時人們覺得餓辛苦，有些人甚至因為饑餓殺人，可是對一些腦退化症晚期病人，已經沒有意識。他不吃，因為不曉得餓，也不會覺得飽。家人的想像是和現實不符的。

我會請這些家人盡量用人手餵，不見得一定要插鼻胃喉，病人願意，就會吃。就算用人手餵有機會誤嚥，但已經到了臨終，對續命不會有很大差別，但病人感覺可以很不同，尤其影響尊嚴。

插喉是我們製造出來的「問題」，病人吞嚥有困難，十幾年前我們不一定會插喉，能吃多少，就吃多少，沒想過要插喉。大約十多年前英國有研究，中風病人很多會因為肺炎離世，期間讓吞嚥有困難的病人插入胃喉，死亡的機會會降低，自此所有中風病人都會做吞嚥的評估，吞嚥有問題，就會插喉。

可是這幾年又有另一項大型研究，發現插喉縱使可以減低死亡率，但會增加嚴重傷殘的機會——這等於「吊命」，自此英國就不再那樣經常插胃喉。其實來來去去都是英國當地的研究，以前相信插了有幫助，現在發現不一定是好事。醫護界一度以為人手餵，病人較容易誤嚥，導致肺炎，但研究指出插鼻胃喉一樣會有肺炎，機會是差不多的。

英國已經減少插喉，但香港反而更多個案，也許一些香港人覺得「嚴重傷殘」也能夠接受。這是問題的癥結，我們覺得低質量的生活，仍然是生活。英國人也許會認為沒有合理的生活質素，這種生活不要也罷。

我很記得九十年代初剛回香港，在粉嶺醫院（已關閉）看病人，當時威爾斯院是急症醫院，需要再留院數周的病人會轉去負責復康的沙田醫院，情況更差預計無法出院的就送去粉嶺醫院。那裡大部份病人都是老人，我每周會去一次。有一位腦退化症病人還能走路的，也能說話，她被插了鼻胃管，但那條喉竟然縫在鼻子裡，令她不能拔掉！

我懷疑有外科醫生貪方便，粉嶺醫院沒有外科，也無從追查是什麼醫生做的。婆婆還很精神，我問她：「為什麼不食東西？」她指著鼻胃管說：「得啦！」她不是同意，但似乎接受了。我說：「你咁醒目，應該食嘢啦。」就把鼻胃管剪下來，婆婆慢慢也能夠進食。

我那時從英國回來，很震驚，怎可以這樣不人道？但其實這樣縫起來，和把病人綁起來，一樣地差。

為了貪方便

香港的醫療系統和問責文化，傾向「貪方便」，插人工導管比起人手餵食方便一點、容易一點。

病人大多數是經鼻子插鼻胃喉，即是有一條導管由鼻子經過食道，插進胃部，並且是用最粗的導管。粗導管原本是設計給外科醫生，腹部和腸臟會有分泌物，出現阻塞時，分泌物會升到胃部，就會作嘔，這時可以插一條導管把水抽走，或者吸走，那胃部就不會被頂住，人也舒服一點。

用來餵飼的導管，應該比較柔軟和幼身的，中間有一條鐵線，輕輕從鼻子進入胃部。用這導管，病人要合作吞進去，如果不合作，用舌頭頂住，就會太軟沒法插進去。可能要做一個小手術，像照胃鏡一樣：由鼻子插入胃鏡，然後再經胃鏡把導管引導去胃部，這是最舒服，最安全的方法，放好位置再拿出來。可是這過程需要時間和做手術，雖然每次可以用上半年，但導管很幼，灌藥進去時可能會塞住。每次拔出來，放進去，都要在醫院才能做。現在香港用粗導管，護士上門就可以做，是比較實際可行的。導管粗在灌奶時不容易塞，也方便很多，但這些就犧牲了病人的感受。

另一個方案是插胃喉，可是做開刀的手術，還有一個風險：如果第一個星期傷口還沒復原，病人神志不清時拔出來，會致命的，所以一般不會為腦退化症病人做。傷口亦有機會感染，糖尿病人、體弱的人都較易感染，發生感染時還是要把導管拔掉。

其實更重要的，是病人的意願。

我有一位病人同意插鼻胃喉，吞嚥困難是問題來的，很辛苦，想像你有痰時也不想吞食物，所以有些人主動想插喉，不然「夾硬」吞很辛苦，有些病人見到匙羹都害怕。那位病人同意插喉，可是第一晚睡覺已經自己拔掉，當時他沒有意識，身邊的工人也沒法阻止。第二天我們很苦惱，要再插嗎？問病人意願，他說想插，那就再插。這次他沒有拔，可能是「習慣」了，但這是不舒服的。一個星期後我説：「看來你也需要長期插喉，不如做手術插胃喉，舒服一點？」他同意了。

另一個中風病人，插住鼻胃喉樣子像「苦瓜乾」一樣，他説不想用，我就替他拔掉。他可能會吃得不好、有機會誤嚥，但這是他的意願。生活要有質素，病人要有自主權，有時就要冒風險。有時病人想自己吃，一些護士會拒絕：「你要用手餵，就叫家人吧，否則出事要我負責。」這時重要是上司是否支持前線同事，萬有一事，上司會否明白。如果所有風險都是前線負責，那當然就不會看重病人的意願。一個星期後，我再見到這中風病人，已經慢慢能夠自己進食，「笑番晒」。

可是腦退化症患者就沒有這種商量的過程，他不接受插鼻胃喉，雙手就會被綁住，插喉辛苦，但被綁更辛苦。有時病人被約束，還是偷偷拔走，又要再插喉。這樣的生活，很難有質素。

我因此不主張腦退化症病人插鼻胃喉。和家人商量時，我會提醒：「如果插了鼻胃喉，病人用手扯，那就要被綁起來，你們想這樣嗎？」家人再想多一層，一般就會盡量用人手餵。

第六章 —— 面對老化

保健的代價

我第一次發現自己的身體有「問題」，
就是入職當醫生的時候。
當年人人都要照肺部X光片，
發現我的背脊骨打斜彎了，
其實很多人十多歲因為增高時出了小問題，
背脊骨都有點彎，

如果情況很嚴重，可能要開刀，我背脊骨只是輕微地彎，但這也表示我的身體並不是完美的。

還有小時候可能跌倒，下巴受過傷，下顎相對細了，那時也沒有看醫生；大了踢足球整天「頂頭槌」，鼻子受傷歪了少少，呼吸時鼻子一邊不太暢順……這些都是小事，年青時不覺得，人生總有一些生活、發生一些意外，留下印記。

到了三十多歲，我抱女兒一時不小心扭到腰，因為我的背脊骨本來就不是完全直的，一些位置承受的壓力特別大，所以扭傷時腰骨之間的軟骨被迫出來，變成坐骨神經痛。痛了半年，我沒有做手術，這種情況會自己好的：軟骨組織會慢慢收乾、縮小，可是本來頂著關節的組織已經壓扁了，脊骨變差。沒法子，要學習脊骨變差後的生活。

四十多歲時，同事研究睡眠窒息，我接受測試，原來我有。一般是肥胖的人才有，可能我小時下巴受傷，下顎細了，睡著時舌頭放鬆，就容易頂著喉嚨。睡眠窒息會導致血壓高、腦血管閉塞，容易中風，心臟病的機會也會增加。我不害怕，但知道如果不理會，可能未來會有問題。於是我帶著治療的儀器睡覺，這儀器不斷打入空氣，當我窒息時，儀器會打入更多空氣。其實頗不舒服，但我也戴了三、四年，後來再檢查，又說我沒有睡眠窒息，於是停用。

停了幾年後，我會發夢有東西跌進喉嚨、有人捏著我的頸等等，在夢裡窒息，那我就知道要處理。我把舊儀器帶去檢查，原來已經出了新款的面罩設計，比我之前的舒服多的了，現在就戴著睡。

為了未來可能出現的疾病，你願意付出怎樣的代價？有些長者不相信抽煙會影響未來的健康，拒絕戒煙，但有些會為了未來的健康，願意付出代價。有時測試也不一定準，就像我再檢查又說並沒有睡眠窒息，於是一度停止處理，就像一些長者驗到血壓低了，就會自動減藥。

有時還未有病徵，但你相信這是預防未來更大的問題，你相信，所以才願意投資。所謂「保健」，首先就是要知道自己的身體，知道有什麼問題，相信一些實證的研究，身體力行付出代價。

提高免疫力

人體很奧妙，具備自我修補的機制，
但這機制非常複雜，例如失去了一隻手，
身體可以重新發展平衡力；
聽覺退化，可能其他感覺會變靈敏……
一些器官亦不斷新陳代謝，讓壞的死掉，重新再生。

年青時有什麼損傷，身體會馬上處理，例如皮外傷很快復原，因為人體有修補機制可以新陳代謝。可是到了年老，這復原能力會減慢。

為什麼會生癌？所有細胞的運作，都靠裡面的基因。細胞一直分裂，受很多外在因素影響，例如陽光、食物，這些都會影響基因改變。當細胞不正常地運作，免疫系統馬上會消滅這些細胞，所以在早期，癌細胞是有機會被消滅的，身體有修補機制。

問題是癌細胞也聰明，可以不被免疫系統發現或消滅，彷彿懂化妝，認不出來。

所以提高免疫系統很重要。抗衰老需要做運動。這很符合人類的本質：原始人就是不停走動，甚至不會好好地進食，現代人需要做運動代替，否則整天坐著，就會老化。

而年紀大，更難做運動，因為這裡痛，那裡痛的，又覺得沒力氣。香港長者算好，有晨運的習慣，也許是睡不著，於是起身走，四、五點在街上，靜靜地走一小時也足夠。老人家運動不宜太劇烈，避免跌親、扭傷等，打乒乓、羽毛球等是很好的運動，因為會有朋友。

香港長者還有優勢就是天天買菜，我們的社區，可以坐電梯，可以走路，不像外國，每周一次要開車去超級市場。當然一般買菜的運動量是不夠的。

作為老人科醫生，香港長者最大的健康挑戰，通常是風濕骨痛和腦退化症，肺氣腫也不少，因為環境污染，上一代抽煙導致老了氣促。還有，現代人多了糖尿病，連年青人也發胖。

病從口入

食物對身體影響很大，
因為新陳代謝的原料來自食物，
營養均衡要有維他命、礦物質等，
這些是身體的潤滑劑，
如果少了，就會老化。

病從口入，食物與身體能配合，就不會生病，但與身體衝突，就有問題。

年紀大了，最重要均衡飲食。什麼適宜進食，會因為不同研究不斷改變，因為食物太複雜，我們之前討論藥物，藥物比起食物單一得多，但就算一杯西柚汁，也有農藥和不同的化學物質。我覺得重點不是多吃什麼，而是需要吃不同的食物。

年紀大了，出現很多營養問題，因為我們需要的營養，比起以前難以吸收。食物進入身體，分解過程非常複雜，要抽取養份，消化，慢慢地吸收。年紀漸長，胃臟消化不良，再進到腸臟，一樣吸收不到，那就變成不夠營養。

首選當然是進食容易吸收的營養。可是長者除了吸收能力差了，吃東西也會變得單一，來來去去都是那幾種食物，原因可以很複雜：生活方式刻板、生活沒有變化、容易煮。尤其當腦部功能轉差，不那麼容易有創意，固執是相對「容易」的，每一天都做同樣事情，是相對容易的生活方式。

食物很複雜，每個人都有感情和喜好，對食物有很多聯想，不是那麼輕易改變進食習慣。我們一直吃咖喱雞，馬上就會聯想到以前吃咖喱雞的經驗，突然全部戒掉要有意志力。

所以要盡量多吃不同的食物，維持健康的機會大很多。有些長者會喝營養飲品，只是權宜之計額外添加營養，寧願吃更多不同的食物，什麼都要吃，更大機會可以均衡營養。

長者的牙齒也很重要，尤其是假牙會因為牙肉收縮而不合用，沒有牙齒，能吃的選擇就更少了，很多硬的食物都不會吃。

牙周病也會使血管硬化，因為牙周病裡面有好多細菌，細菌會發訊號給身體：正在發炎，這訊號就會使血管硬化，導致老化。其實很多老化是和血管硬化有關。

而插了鼻胃喉，就不會有胃口，也不會好吸收。我們是用腦部進食的：看到食物，腸胃就會準備，但插鼻胃喉，腸胃完全沒準備，突然有食物進來，那就難以消化。所以插喉可能是事倍功半，不能說完全沒有營養，但不會吸收得好好，往往還會肚屙、肚痛。

高蛋白質少卡路里

長者飲食，需要足夠的蛋白質，因為肌肉要新陳代謝，我們製造肌肉的能力，老了會變差，年輕時就算沒吃很多，仍然可以製造肌肉，但年長這能力差了，所以每一餐都要有一定份量的蛋白質，一餐吃少了，就不會製造肌肉。

蛋白質要多，但卡路里不可以太多，因為老了沒活動，積累卡路里就會變胖。但值得留意是：長者發胖，不見得身體不好，有研究顯示肥胖長者的死亡率和一般長者相若，而且肥胖代表有胃口，至少能吃，營養可能比瘦的長者更好。

老了要又瘦又有營養，是不容易的。當然太胖會有糖尿病、血壓高、心臟病等，行動會差一點，筋骨會痛。可是起碼是有營養，沒有營養情況會更差。

其實大部份長者都不會吃太多食物，過了七十歲，食慾會減少。肥胖長者也多是因為活動少，不動，所以變胖。我們很擔心脂肪，可是腦部充滿脂肪，如果不吃，對腦部不利。最差的是反式脂肪，動物脂肪如果不過量，其實也有幫助，像豬油，老一輩的吃得很開心。長者最大飲食問題是吃少，如果吃得開心，就會多吃。

最好當然是植物油，不會塞血管，又可以抗氧化。地中海的人很長壽，其中原因就是飲食方法健康，吃魚、橄欖油、番茄。

人是需要澱粉質的，不然沒有能源。意大利粉比飯更好，因為兩者雖然都是澱粉質，但構造不同，進食時要把澱粉質分解做糖份，然後慢慢吸收，這吸收的比率，就是升糖指數Glycemic Index。一些食物像可樂，喝了血糖馬上升，年青人喝汽水，腦部馬上可以分析到血糖，會由胰島素降低血糖，年青人喝汽水，血糖不會升高，甚至未喝之前見到汽水，已經會分泌胰島素。可是長者一般都會急升，因為胰島素遲了出現。

血糖長期升高是糖尿病，突然升高再下跌，亦對身體有害。汽水的升糖指數很高，米飯也很容易吸收，意大利粉會比飯好。

一百年後的世界

我讀過一本書，說一百年後的事。
那作者是日裔美國科學家，
訪問了最尖端的科學家目前的研究方向，
基於這些訪問，預計幾十年至一百年後的事。

其中一章，說五十年後，你起身，床邊有虛擬的女聲問：今天想吃什麼早餐？廚房的儀器就會準備，然後去廁所、刷牙，馬上就有訊息：你今天的癌症指數增加了。

接著你就要去一個地方接受檢驗，有需要隨即打針消滅癌細胞。而你很多器官都早已換了，腎臟、心臟……在這世界，人人都可以超過一百歲。

回到眼前的現實，癌症出現後，是不容易根治的，因為癌細胞有特殊技能，否則一早已被免疫系統消滅，最好是在萌芽階段就立即處理。

人口老化，如果可以提早預防，就不用等到中風、癌症等才去醫治，健康是可以保持的。很多我們現在見到的疾病，大多可以預防，起碼有方法減低患病的風險。未來科技繼續發展，可以預防的疾病會越來越多。很多疾病都是「醞釀」出來的，例如癌症、糖尿病、腦退化症等等，都是非常慢性的疾病，有很長時間可以發現，然後面對，防止繼續惡化。問題是人們有沒有發現這些訊號？就算知道了，會否理會？

越來越多科技會幫助我們察覺，在還未變成疾病前，已經有機會掌握身體的改變。驗身是好的，問題是驗什麼？很多項目是沒用的，關於衰老的指標，其實並不多，就是血壓、血糖、血脂、體重等。

還有一套標準是體能測試，譬如行路有多快、手力，走路是否穩？整個人的平衡力等，而目前我們有衰老指數：frailty index，就是計算老化程度。選擇四十多樣與衰老有關的，例如走路慢、痛症、糖尿病、認知等等，看有多少是不正常的。如果有十樣，那衰老指數就是十除以四十，等如 0.25，0.2 以上你就是「衰老」，好多研究發現如果你衰老指數超過0.2，預期壽命會減少，需要照顧、入醫院等的風險會增加。

年紀越大，人與人之間的分別越大，有些人八十歲還可以跑馬拉松，有些人五十幾歲就快死了。視乎你本身的體質和環境，以及你如何面對問題。年紀一直增加，一直累積，不去面對，就會惡性循環。

有些人會想：人人都要死，連做運動也覺得無謂。但運動不止是為了健康，過程也可以有得著，所以不要把預防當作苦差，要找到當中的樂趣。

第七章 — 病人自主

選擇不醫治

七十三歲的病人因為咳血進到醫院，發現是肺癌。我說：「有一個不好的消息：你有肺癌，可是好消息是可以化療紓緩。」他馬上說：「不用了，我不用做這些。我想快快出院。」

「為什麼呢？可以化療都不做？」「我人又老、錢又無，快快去就好啦。如果化療誰來照顧我？」他是有道理的，化療期間他連現在的自理能力也失去，就算化療後可以拖多兩、三年，生活質素也不會好。

現在越來越多人有癌症，也有很多治療，不會馬上死去，而是慢慢地死去，這漫長的過程是誰照顧？醫院和院舍都未必能解決這問題。這是對生與死的看法，病人是有自主決定的。

我們以前讀醫學院時，看東西比較簡單，有什麼病，就用什麼方法醫，當時以為學了，就可以套用在不同的病人身上。醫生的工作就是查出病人的疾病，然後用這些標準方法，期待治療會見效。可是當你工作後，就會發現現在所謂的醫治，不一定是最好的，也有不同的方法。一來醫生所相信的一套，並不是時時有效，二來也有病人選擇不接受醫生相信的一套。

年青醫生可能不曉得，可是當你不斷看到同一套醫治，不是人人都有效，就會領悟。尤其醫學內科有別外科，不是醫治後馬上看到效果，內科需要較長時間，很少藥物是馬上見效的。

老人科其實是陪病人走最後一程，病人不會回復三十歲的健康。所以老人科醫生的目標，是讓病人有生活質素。就算病人情況越來越差，亦是預料之內的情況，重要是病人身體一直變差，仍然有生活質素：癌症很痛，就讓他止痛，病人最終都會離世，這是醫生要明白的。

我第一次證實病人死亡，是在心臟科當實習生，當時病人很老了，心臟已經衰歇，護士叫我來證實他死亡。我當時也不太懂，用聽筒聽心臟、肺部，現在要做心電圖，當時沒有。我見到的病人似乎已經死亡，可是每隔大約一分鐘，又有少少動作，像是抖氣。我就問其他醫生怎辦？

「那你就遲半個小時吧。」那醫生答。我遲半小時去，然後宣佈死亡。

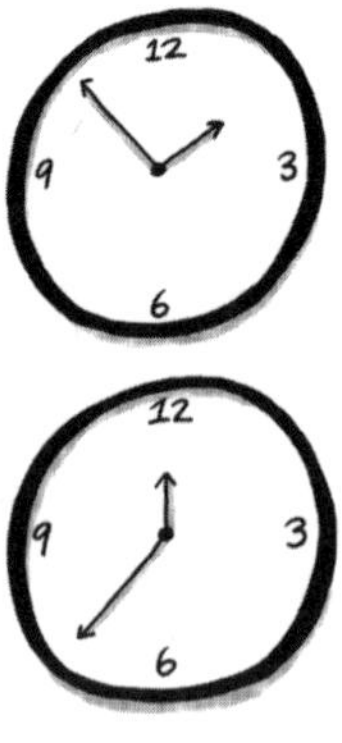

選擇的條件

我在英國時的上司，
是很資深的老人科顧問醫生，
負責醫治皇太后的，他曾經有一位病人，
我印象很深：這位瑞典人打電話來，
說媽媽多次中風，嚴重傷殘，
但他要來倫敦工作，把媽媽也帶來，
希望可以在家照顧。

瑞典人要求安排一個醫護團隊上門，二十四小時看護輪流照顧，家裡也要有提供專業護理的設備，例如電動床，他住在高級住宅區Chelsea，媽媽從床上可看到花園。每星期醫生上來看一、兩次，有事打電話問兒子作決定，就這樣過了一、兩年，期間有小手術、肺炎，最後自然離世，兒子也很接受。我心想這媽媽得到的待遇，和英國一般病人很不一樣，其他病人不會有這些設備。

這媽媽比一般病人可能活多一、兩年，她的生活質素很不錯。可是沒有這樣條件的病人怎樣好？香港就算在最好的私家醫院，也是「吊命」，用很多錢，也不一定有這女病人留在家裡舒服。

每個病人的意願都不同，有些怕死、不想死的，不能假設人人都寧願死掉。年青人一定會說死掉算了，但如果真的輪到自己，未必如此，會視乎遭遇如何，尤其當傷殘慢慢地發生，對自己的期望是一步步地調低。可能你純粹坐著，望著風景，已經滿足。

前提是要照顧好，這樣的生活是否值得。

有些病人是沒有選擇的：在香港遇上一位腦退化症患者肺炎後期入醫院，太太說不要搶救，主要原因是家裡很窮。

原來那對夫婦去大陸退休，十多年後錢用得七七八八，內地生活指數不斷提高，然後丈夫又得了腦退化症，在內地沒人照顧，於是回來香港。很艱難，第一年申請綜援租地方住，再申請公屋。有些這樣的病人會去私營老人院，申請社署特別恩恤，加一點綜援金。太太覺得丈夫活著也沒意義，生活不會好過，就不想醫治，她主動對我說：「我哋兩個都走投無路。」

本來丈夫的情況比較差，就算有錢都不建議搶救，可是這對夫婦的處境不是醫生能夠幫忙的。這很不公平，沒有錢就沒有選擇，然而反過來：難道有資源的人，就要勉強拖長壽命？也不是公平的。

關鍵應該是病人的意願。

面對死亡

面對死亡的病人，如何有尊嚴？尊嚴和生活質素不一樣，尊嚴是視乎當事人怎樣看，例如一些軍人，不想做俘虜，就算被囚生活不差，仍然寧願保持尊嚴死掉，所謂死得光榮。

在醫院也遇過病人千方百計想自殺：有一個對家人說，想吃水果，那家人帶水果和水果刀，病人吃完水果把刀藏起來，然後趁醫護人員沒留意，用刀割自己，腸子都流出來，死了。

有一個病人沒有刀，就吃雪花膏，希望一直吃光就會死掉，但最後當然沒死。

有實際行動的病人是少數，老人家久不久就會說想死：「死咗佢好過。」這類說話聽得比較多，但很多症狀是可以處理的，大家關心一下，注意多一點，病人就不想死了。病人也不是講大話，那刻可能真的痛不欲生，可是問題解決了，就不再想死。

我沒有遇過病人真正開口要求安樂死。安樂死是醫生替病人結束生命，我不會這樣幫病人自殺。見到病人受苦，應該千方百計減輕這些痛苦，而不是幫病人去死。如果病人全部方法都不要？那我們會看病人是否抑鬱？需否開抑鬱藥？或者輔導一下，可能也是一念之差，不一定是長期這樣？

有一些人自主很強，擔心要依靠別人。這些病人通常是受過高等教育，性格比較決絕。可是大部份的人，不肯定未來會如何：可能到時再看看？世事難料。生命本身就存在很多不確定，有時人們會有錯覺，以為自己是不會死的，將來也像現在一樣，這是錯覺來的，是與現實相違背的。

然而，人也不能永遠活在各種錯覺裡，明白到生命最後一程往往不由我們控制，自然就會思考如何放下，這樣才能繼續好好地生活。

最後一程，應該順其自然。

死後翻生？

在英國，病人進到老人科病房，大家都心裡有數，不會勉強搶救，除非特別要求，才會在心臟停頓後做心肺復甦術。

可是香港反過來，除非病人表明不需要再做心肺復甦術，否則一定會做。

心肺復甦術的原意，並不是讓死了的人死後再「翻生」，而是嘗試刺激心臟，令心臟恢復跳動。例如心臟病發，心臟短暫停頓後，馬上打針、用電擊心外壓等等，大約有兩、三成機會可以恢復心跳。但如果病人本身有癌症，已經器官衰竭，還有肺炎等等，已經衰竭到這樣的地步，怎會單單恢復心跳可以好起來？

現在不電擊，都像是「失職」。公眾似乎覺得心肺復甦術是

「救命」，死了就要試試看能否救得活。

如果對家人說：「其實病人的情況頗差了，可能會有生命危險，如果真的發生這事時，你想不想做這心肺復甦術？」這話聽在家人耳裡，就等如說當你阿媽要死了，你想不想救她？家人當然說救！

一個人有盲腸炎，醫生問想不想開刀？病人說好，就會簽名，醫生做手術。心肺復甦術理論上也一樣，只是當時病人已經混亂了，無法作決定。為什麼要問家人呢？其實是因為醫生不認識那病人，但你是家人，應該知道病人怎麼想。

坦白說，如果心肺復甦術有效，例如心臟病發、遇溺等，醫生不會問，馬上就做了，如果需要問，成效已不大，但都要問，主要目的是讓病人可以安祥地離去。可是問得不好，反而令家人內疚。

詢問病人意願，或者與家人更深入地溝通，這種溝通技巧，不是醫學院可以教到的。我年青時，也不太敢問。那時在英國當實習醫生，有一位八十多歲的婆婆，幾十年前曾經心臟病發，我那時循例問她如果心臟再有事，想做心肺復甦術嗎？她一聽就對住我嘔吐！

可能我太年輕，問得不好，也可能這問題正正觸動她的神經。自此我不太敢問，一直到我變成資深的醫生，才懂得和病人與家人好好地談。

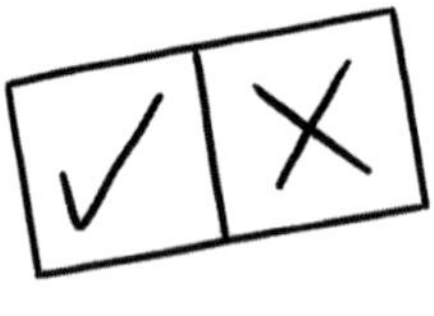

無效的醫治

現在心肺復甦術已經變成臨終的儀式，像去殯儀館要鞠躬。

為什麼醫生會不想做心肺復甦術呢？不是因為我們偷懶或者不想做，施行心肺復甦術比起要跟家人談，是更容易的。醫生最終要令家人接受：人是會死亡的。死時最好是安祥地離開，可以與家人一起，那臨終就不應該是醫護人員圍著病人做心肺復甦術。

而且萬一心肺復甦術「成功」了──病人恢復心跳，但腦部已經受損。心臟停頓三分鐘後，基本上腦部已經受損，時間越長受損越重，有時腦部死亡，心臟也可恢復跳動，這就變成病人繼續生存，但沒有意識，死亡的過程被拖長了。

家人是難開口拒絕的，心裡會有條刺：也許有得救？一定要試！

我自己不會太早跟家人談，因為在「風頭火勢」，大家還是很著急時，很難討論。家人才剛把病人送進來，你就問會否做心肺復甦術？家人不會理解：我來醫院想救命，還未開始就叫我簽名不救？

如果病人是長期病患，已經一段時間越來越差，預計在半年至一年內有機會死亡，那就可以安排時間，讓病人、家人等好好作準備。然而進到醫院時病人已經很危急，那就要和家人談。

醫生討論時要很敏感，知道病人和家人的期望。如果家人對醫生信心大一點，會比較聽得進去。醫生可以強調紓緩治療，自然死亡的好處，現在我們很怕死亡，死是很大一件事，要不擇手段都要不死，其實最好是可以自然死亡，對大家都好。

另一樣是抗生素。在英國老人院若有病人已是晚期腦退化症，醫生會給口服抗生素，幾天沒起息，就會停藥，讓病人自然離去。

但在香港，可能就會選用效力更大的注射抗生素，有點像明明很弱的人，依然要打仗。前陣子我入醫院要接受注射抗生素，沒想到原來很痛，會刺激血管，晚期病人是否還需要經歷這些？就算抗生素一般會導致腹瀉，這對正在使用尿片的病人也是極不舒服的，來不及換尿片的話，皮膚很易潰爛。

如果家人明白多一點，可能會放手多一點。

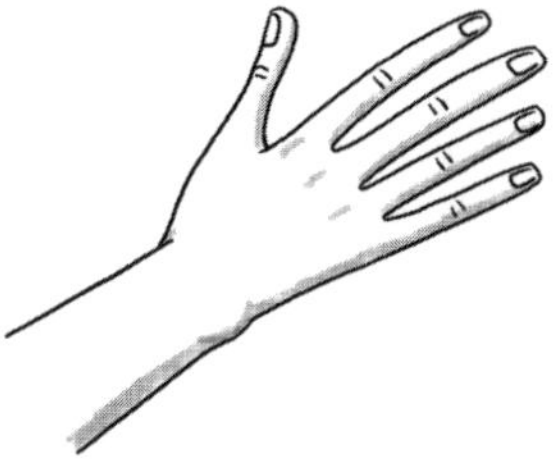

家人不放手

有一位腦退化症患者，
剛開始出現吞嚥困難，
和家人一起去吃飯，
吃魚丸時不小心哽到了，無法呼吸。

送到醫院，醫護人員忙了一輪才把魚丸抽出來，病人早已昏迷，哽咽時缺氧腦部嚴重受損。這樣的情況，醫生知道急救都沒有用，可是家人堅持一定要搶救，醫護人員連續做了十分鐘心肺復甦法都沒起色，本來要停止，家人說：「繼續！」於是又再繼續半小時。

病人最後的面容，是七孔流血的。

醫生很不好受，八、九十歲的老人，骨頭都脆了，這樣按壓不斷骨折。其實醫生也可以拒絕家人，可是顧及家人情緒很不穩定。如果醫生本身很有權威，或者很懂得安撫家人情緒，也許可以叫停，可是一般醫生都會擔心被家人投訴。

病人最好可以自己作決定，然而現實是老人科的病人一般比較衰弱，即使自己有想法，但周圍的人說不要、不好，就不會作聲。

而腦退化症的患者，到了中、晚期就更加沒有自主權。坦白說，初期腦退化症患者是很難為日後作準備的，不容易談。美國有一些輔導員專門負責與初期腦退化症患者討論醫療意願，方法是一開始就說晚期照顧計劃：你有這病，如果到時你有些事不能做，例如不能自己洗澡，那你會想誰替你洗？不能去廁所時，想誰幫你？你想太太，還是工人？你叫太太，那太太會否很辛苦？會否工人也可以接受？

不用一次過作決定，遲一點又再問，慢慢談到更艱難的決定：如果到時吞嚥困難，想繼續用人手餵，還是插胃喉？

我覺得香港的患者，未必會想談這樣長遠的事。因為初期的病徵已經很困難，心情非常複雜，知道自己會變差，是很無可奈何的，病人一般有兩種反應，一是很擔心，一是否認，盡量相信自己可能沒什麼事，不當一回事。前者不宜再談晚期的醫護安排，後者會拒絕談。

而大部份早期腦退化症的，已經是老人家，你跟八十歲老人說十年後可能這樣，他可能覺得到時已經不在了，那就不用理會。實際人們是會活到九十幾、一百歲，但他心理上不會想這樣遠的事，不想跟你談。

所以家人的看法是重要的。如果家人可以放下，尊重長者的權益多一點，看到長者是在受苦，要了解到插胃喉等，全部都是老人家在付代價。

說服不容易

有一位女兒額外著緊腦退化症媽媽是否能夠說話，
特地有一本記事簿，
記下每一天媽媽說過的話，
可是隨著病情發展，
媽媽還是漸漸失去語言能力。

這對醫生也很難受，但腦退化症就是如此，要調整期望。當照顧者無法接受病情繼續發展，甚至變成投訴，醫生有時也沒法說服照顧者，唯有等時間，讓照顧者接受。

曾經有研究在院舍訪問晚期腦退化症患者的家人，如果病情再差無法進食，會否考慮插鼻胃喉，很多家人都說插。醫護人員解釋就算使用人工導管餵飼，也只能撐幾個月，可能會有肺炎，生活質素並不理想，之後再問家人，有一成多人聽了解釋後放棄插喉，可是仍然有大半數家人堅持。

醫護人員再問，如果不止是晚期腦退化症，並且是不可逆轉的昏迷？依然有六成家人選擇插喉——同期我們在院舍訪問了超過一千名院友，這些院友仍然神志清醒有足夠能力作決定，超過八成都說不會接受人工導管餵飼。

家人和病人的看法，差異很大。雖然這兩個研究都是十多年前進行，也許近年家人對腦退化症認識多了，可是仍然很難放手。就像人們都知道會死，但沒預計自己真的會死，明知病人已經退化到接近臨終，仍然感到錯愕。

我最近有一位年過七十的朋友患癌，本來打算紓緩治療為主，因為家人要求，同意做手術，手術後兩個月仍然擴散，朋友要求嗎啡減少氣促不適。「你會想保持清醒，多點時間見家人嗎？」我問，朋友坦言寧願舒服一點：「還有什麼沒交代的？我只想舒服一點地離開。」

如果家人不捨得，要等到很差很差時才放手，那病人就要捱過這段過程。

聽聞另一間院舍有一位兒子，堅持要人手餵晚期腦退化症的媽媽，說媽媽以前最喜歡就是吃東西，但媽媽吃不下，他仍然會勉強塞進去，迫得醫護人員申請監護令阻止兒子。

重點其實不是插喉與否，而是能否舒服地離世。耆智園也有一位院友住了十年，一直都只是記性不好，但最後一年健康退化很快，不能走路。家人最想的，就是病人可以「舒服地去」。院友一兩個月都吃不好，家人不想插喉，偶然就吊鹽水，最後有肺炎，也沒有用抗生素，最後因為氣促，給點嗎啡，也就舒服一點地離世了。

和家人談

病人最好把自己的醫護意願，和家人說清楚，萬一沒有家人，就要預先填好預設醫療指示，不然可能會由社會福利署署長委任作為監護人的社工，決定病人如何接受照顧。

但若有家人，沒有談好，那就算有預設醫療指示，家人反對也一樣難以執行。

家人可以說：「爸爸當年做這個指示時，已經是十年前。這十年發生很多事，他也不曉得今日會這樣，他曾經這樣說，我覺得他已經不記得了，或者他反悔了。」預設醫療指示是可以口頭推翻的。

可是預設醫療指示最大好處，是有機制讓病人和家人可以溝通，大家達到共識。我也曾經替一位腦退化症長者設立預設醫療指示，他除了有初期腦退化症和一種類似柏金遜的徵狀，不能活動，吞嚥困難，但頭腦仍然清醒的。這樣生活很辛苦，整天肺部都有痰，需要抽痰，他想生存，要求插胃喉，那我就替他插胃喉，可以灌營養奶。

我問如果有突發事，會想做心肺復甦術嗎？他說不想，那我就幫他做預設醫療指示。兒子也在旁見證，並且簽名。家人都支持爸爸的決定，不想爸爸那樣辛苦，這是全家人的共識。

醫生有時要主動問病人，讓病人選擇。我也會和病人討論預設照顧計劃：有一位九十多歲病人有良性腫瘤，這幾年長大了，導致抽筋、發羊吊。我勸他做手術，因為是良性的，可以拿走，他身體也不錯，但他不想做手術。

我說：「如果現在不做，幾年後整個人不能動，那就頭痛了。」「順其自然好了。」他說。「那如果不能吃，會插胃喉？」「不用了。」我們沒有正式簽預設醫療指示，但討論了預設照顧計劃，當病情惡化，他拒絕維生醫療。

他坦言年紀大了，過多幾年就算，也不想理會將來如何，大原則就是自然離開。他也在家人面前談了，家人「拍晒心口」：「總之知道你的心願。」

病人、醫生、家人都要有共識。如果家人有不同的要求，醫生就難做了。

病人有自主？

有一位病人肺氣腫，
氣喘相當嚴重，
半年來不斷進醫院，
要用呼吸機把氧氣打進肺部。

我見到他的時候，已經用了呼吸機兩星期，他七十多歲，還可以說話，對我說肚子餓，想食東西。因為使用呼吸機，他兩個星期來都沒法用口進食。

「你的肺部很差，要作決定：一是停了這部機器，一是這樣繼續下去。」我解釋。

他靜靜地想了大約三十秒，然後選擇停止使用吸呼機。停止使用機器後，他非常氣促，但很快已經不會再喘氣，因為缺氧，人變得迷迷糊糊。不過每次我走到他床邊，望著我的眼神是帶著感激的。家人一直在旁邊陪著，兩天以後，就去世了。

半年來，他一直出入醫院，使用呼吸機、服用抗生素……整套治療經歷一次，情況稍為穩定，出院一天，又被送回來，但這是第一次有人解釋可以選擇。其實他的情況是無法醫治的，情況已經壞到無法不使用機器，只是之前的醫護人員都不說。

是否接受治療，接受怎樣的治療，病人只要有精神能力作決定，都可以有自己的想法，醫護人員要尊重病人的自主權。尤其情況到了晚期，病人可能比起這樣延長性命，有更想做的事。但醫生很少會開口問病人的意願，往往當病人不是晚期一樣，繼續醫治，有時就算知道治療並沒有實際效果，也不敢面對。

我也會害怕和尷尬，年輕時也不敢開口問病人如何選擇。可是實在不能逃避。像這肺氣腫病人已經完全依賴呼吸機，這樣要到幾時呢？

對比起西方社會，香港病人的自主權額外困難：一些病人表明希望停止治療，可是家人不同意；一些長者容易受別人影響，周圍的人說不要、不好，那就不作聲了。

尤其是病人要靠別人照顧，如何可以自主？我另一位病人六十多歲，因為行山時跌傷頸部，四肢癱瘓，長住醫院。她姐姐每天都來，並要求我們天天替她插三、四次尿喉。因為姐姐曾經聽說長期插尿喉，就不會有機會恢復自己排尿的功能，所以堅持妹妹想排尿時才插喉。

但這女士的排尿的功能，已經不可能恢復，更難堪是插尿喉需要別人幫忙，時間不是自己可以決定，過程也很不舒服。我就讓她和姐姐一起開會，希望當面說清楚。然而當著姐姐的臉，這女士說不出話來。因為全世界只有姐姐天天來看她，如果姐姐要她這樣插尿喉，她就聽話頻頻被插喉了。

最醒目的病人

我一直很記得一位婆婆，有點錢，戴著一只漂亮的翡翠手鐲，衣著也講究。

她的眼睛張不開，只能在一點縫裡看到一點點，那一點的視線範圍是清楚的，旁邊就看不到。她很少外出，一直待在房間，可是全家人都好疼她，非常聽她話。

婆婆不太相信西藥，但肯讓我看病。她頭部有時會不由自主地搖動，我就開藥，一天一粒，她覺得吃了似乎有效，就肯繼續，但其他藥就不肯食，也不喜歡抽血。她每半年來看我一次，喜歡我沒有強迫她做任何事，說其他西醫整天嚇她，給她很多說話聽。

這樣五、六年後，婆婆有次拉肚子，我替她檢查，用手摸到腹部有硬塊，再用超聲波看到腫瘤，有機會是癌症。我說：「有一塊東西，照一下腸鏡吧。」她不肯：「我不做這些事。」

我唯有繼續觀察，一年之後，腹部硬塊不見了，再做超聲波也看不見。「很好啊，可能不是癌症。」我說。再過一年，她的健康又差了，這次摸摸，硬塊回來了，肝部也漲大，我做點化驗，結果發現癌細胞蔓延到肝臟。婆婆什麼都沒問，報告如何？情況如何？她都不想知道，但久不久就來看我一次。

家人一直說：「你千萬別告訴她啊！」

我沒有主動說什麼，因為婆婆也沒有主動問，其實她應該心裡有數，但沒問，我就不說。當時她已經九十三歲，眼睛不好不能上街，有點覺得：「夠了，不用再做什麼治療。」有一次她身體很弱，進到醫院我替她輸了一包血，輸血後精神一點，就說要出院，我就讓她出院。之後幾個月婆婆越來越差，家人打電話說她幾乎沒有進食。

我請他們問問她，會否想入醫院，可她不願意，勉強進到醫院的私家病房，連吊鹽水都不肯。「吊鹽水不用插血管的，只是有一支很細的針，插進皮下脂肪，給一些水份。」我解釋給她聽，她最初都肯試，一晚之後就說不舒服要拔掉，那我就沒用了。

家人很細心地餵她吃東西，可能一天能喝到一點點湯。這樣在醫院過了兩個星期，我心想不如回家吧，我什麼都不能做，可是家人害怕照顧不來，還是想待在醫院。其中一個女兒開始後悔，覺得不應讓媽媽決定什麼都不醫治，但其他家人覺得這是媽媽的想法，要尊重。家人真的很疼她，每天輪流照顧。

最後那幾天，婆婆連水也吞不下，她說自己是「嗆水之花」，連喝水都會嗆到。我跟家人說，不要再勉強餵湯了，反而令她辛苦。

第二天，她就去世了。

「嗆水之花」是我最聰明的病人。入醫院半個月，只是吊了一晚鹽水，食過一粒止痛藥，沒有任何入侵治療，自然而平靜地去世。

口述　賽馬會耆智園總監郭志銳醫生

編輯及撰文　陳曉蕾

書籍設計　Half Room

插圖　Pearl Law

出版　大銀力量有限公司
九龍油麻地上海街 433 號
興華中心 21 樓 03-04 室
bigsilver.org

發行　大銀力量有限公司

承印　森盈達印刷製作

印次　2021 年 12 月再版

規格　148mm × 210mm、160 面

BIG SILVER
COMMUNITY
大銀力量

捐款支持賽馬會耆智園

方法一

如閣下欲捐款支持本園在腦退化症的研究工作及培訓服務，請掃描以下QR碼的捐款表格：

方法二

或用以下捐款方法：

1) 直接存入

恒生銀行 Hang Seng Bank A/C#290-070853-668

「耆智有限公司」"PA Company Limited"

或

2) 支票抬頭：「耆智有限公司」

把支票或銀行入賬存根寄回賽馬會耆智園

（香港新界沙田亞公角街二十七號）

如需捐款收據填寫報稅表，請提供捐款人全名及地址，本園將於收到款項後之下一個月寄奉。

感謝您對本園的支持。